海洋科普馆

HAIYANG KEPUGUAN

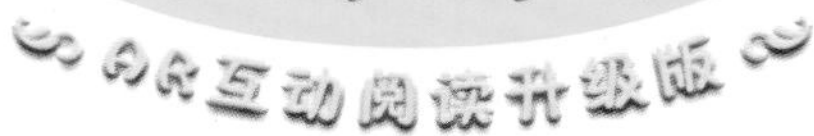

极地精灵

凌晨漫游工作室 编著

大连出版社
DALIAN PUBLISHING HOUSE

前言

那么远，那么近

小朋友们，你们见过白鲸、北极熊、北极狼、北极狐和企鹅吗？它们的故乡离我们很远！究竟有多远？如果回到几百年前，仅靠走路，人类可能一辈子都走不到那里。那个地方就是地球的最南端——南极与最北端——北极，它们被统称为极地。

北极没有陆地，只有一片汪洋大海。南极有陆地——南极洲，这块陆地的周围也都是汪洋大海。海洋给极地动物们提供了自由生活的空间。极地的自然条件十分恶劣，夏日短暂，冬夜漫长，天寒地冻，但它们适应了这样的环境，顽强地生存下来，一代一代繁衍生息。日复一日，年复一年，它们变成了极地的一部分。正因为有了这些极地精灵的存在，冰冷的南极和北极才有了温暖的颜色，才焕发出无限的生机。

如今，我们凭借现代化的交通工具，可以将这些动物带出极地，带到城市里，带到极地馆中。小朋友们，这些珍稀的极地动物，现在就在我们的身边，它们离我们这么近，你们还不赶快去极地馆看看它们？在极地馆，它们可是最受欢迎的“大明星”！

与在极地不同的是，白鲸、北极熊、北极狼、北极狐和企鹅身上那白色的保护色，在极地馆中可就派不上用场了；这些动物所拥有的敏锐嗅觉、厚重毛皮、锋利爪子和超强忍耐力等等，一切为了在极地生存而练就的本领，也都没有了用武之地。尽管如此，因为受到细心的呵护与照顾，它们很快便适应了极地馆中的生活。

观赏它们时，你们会觉得这些家伙憨态可掬、萌态动人。然而你们可能不知道：成年北极熊直立起来至少有3米高，它那一巴掌扇下来可以直接拍碎人的头骨；北极狼饥饿的时候连同类都会捕杀；白鲸、北极狐和企鹅也都是肉食动物。眼前这些萌翻天的极地精灵是大自然千百年进化的杰作！

然而，在大自然中，再残忍的北极熊、再凶狠的北极狼，在人类的武器和贪婪面前都毫无招架之力。因为要吃肉、要用油，人类捕捉白鲸、企鹅；因为恐惧和私欲，人类猎杀北极熊和北极狼；为了北极狐美丽的皮毛，人类围猎这种精灵般的生物……

北极大企鹅早已经被人类灭族，而北极狼迄今也只剩下不到一千只。北极熊、北极狐和白鲸，都在濒临灭绝的动物保护名单上。也许有一天，大自然的旷野之中就再也没有这些极地精灵的身影……

小朋友们，让我们一起开始极地探秘之旅吧，到极地的海洋和陆地去看看这些不可思议的抗寒勇士们！你会从它们的眼中看到冰雪，看到生命的奇迹，感悟到自然的力量！

编著者

目录

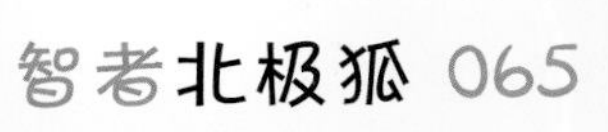

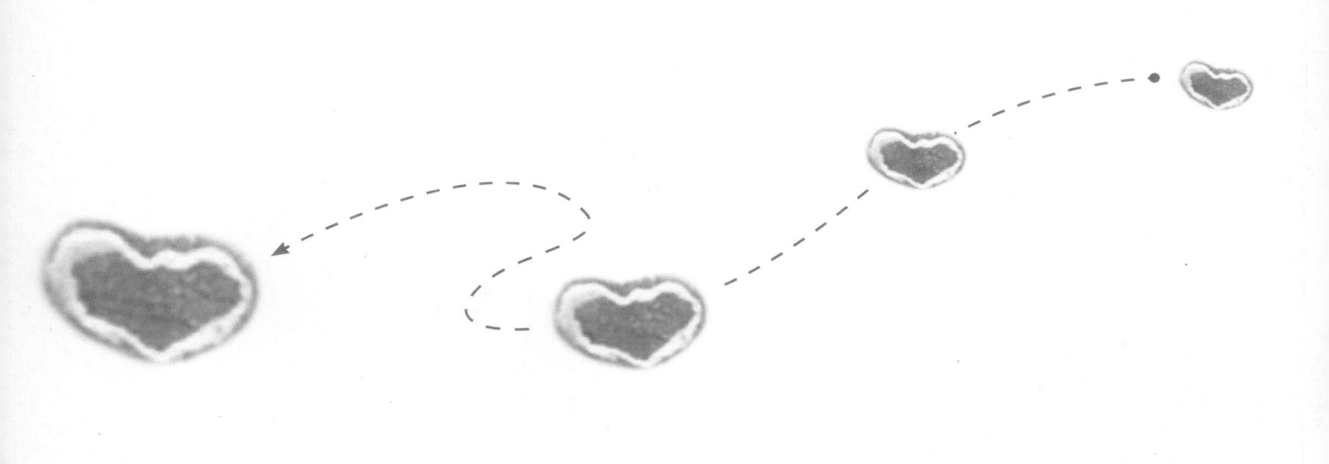

歌唱家白鲸

白鲸的故事

小白鲸·欢欢

欢欢是我的好朋友，它是一头小白鲸。欢欢可不是一般的小鱼哦，告诉你吧，它要是站起来，比我还高呢，有2米多高。它的体重呀，约有150公斤重呢，但游起泳来就像一片树叶，可轻巧了。如果换作是我，在水里会像一块大石头，“扑通”一下就沉底了，根本游不起来，只有喝水的份儿。欢欢全身呈灰白色，滑溜溜的，可干净了。它脑袋圆圆的，前额宽阔圆润，上下嘴唇饱满丰厚，两只小眼睛炯炯有神，透着一股机灵劲儿。它胖嘟嘟的，喜欢将尾鳍摆来摆去，特别惹人喜爱。每次我来看它，它都会马上游过来，欢声叫着，冲我摇头摆尾，热情地和我打招呼。

“欢欢”是我给它起的名字，它原来可能有自己的名字，我不知道，也不想打听。我就喜欢叫它“欢欢”。因为我喜欢它，它也喜欢我。只要我去看它，它一瞅见我，就会马上离开同伴向我游过来，很快出现在我面前，冲着我叫，而且每次叫声都不太一样，有时听上去甚至像是在哈哈笑呢。它在水里来回扭动身体，就像跳舞一样，好看极了。看到它跳舞，我就拍巴掌。看见我拍巴掌，它就跳得更欢了。估计“欢欢”这个名字它自己也很喜欢，因为每次听我喊它

"欢欢"，它都会在水里跳舞，还会发出各种声音，像唱歌一样，格外悦耳动听。

欢欢也有生气的时候，就是我把它给惹恼了。

有一次，我去看它时，它正在和它的朋友追逐玩耍，没有看到我。我喊它的名字，它也没听到，看样子是玩疯了。我有点儿生气，就站在那里默不作声，看着它在水里游来游去。突然，它发现我来了，丢下伙伴直朝我游了过来。我噘着嘴不理它，可它竟冲我叫了起来，我干脆用手捂住了耳朵，它还在那儿继续叫着，我还是不理它，转过身子背对着它。说心里话，我已经原谅它了，可我太要面子，就是想让它领教一下我的厉害。但没想到，它比我还厉害，竟突然一声怒吼，把我吓了一大跳。我转身回来看到它正张着大嘴，简直像要把我吃掉一样，一下子把好多水喝到嘴里，然后嘴巴一闭，从头上的呼吸孔喷出了一道水柱，比杨树还高呢，就像从高压水龙头里喷射出来的一样！可把我给惊呆了。它看我傻傻的样子，笑了，嘴里不停地叫着，在水里上下翻滚。看到它这样，我乐了，刚才不高兴的情绪一扫而光。我来到它面前，朝它招招手，它跃出水面，我顺势亲了它一下。它“呀呀”地叫着，在水里跳起了舞。我也学着它的样子，在岸边扭动着身体，跟着跳起街舞来。我和欢欢的舞姿吸引了很多游客，他们不约而同地给我俩鼓起掌来，掌声可热烈了！

我告诉你个秘密，你可千万不要吃惊啊！欢欢为什么和我是好朋友？因为它是海洋里的哺乳动物，和我们人类一样，是用肺呼吸的。它生下来也要吃母亲的奶，而且一吃就是两年。它胃口特别大，断奶以后，一顿要吃几十斤的小鱼、小虾，饭量大得吓人。它能吃，长得也快，有时体重甚至一年能增加 60 公斤至 100 公斤呢。要是它长成大白鲸，嘴巴一张，像是能吃掉一个人。不过，白鲸可不吃人！这是咱们之间的悄悄话，千万别让欢欢听到了。要不然它会嫌我瞎说，生气不理我的。

欢欢的故乡在北极。每年 7 月，白鲸都会放暑假，它们通常会结伴出门，来一个长途旅行。旅行团少则有几头白鲸，多则有几十头，甚至上万头。当大批白鲸加入的时候，便组成声势浩大的队伍。它们喜欢到江河的入海口玩耍，逆流而上，饱览沿途美丽的风景。在河口和三角洲的石头上，白鲸们会蜕去老皮，换上雪白无瑕的新皮，就像我们换新衣服一样。

旅行途中最大的危险就是遭遇鲨鱼和虎鲸的偷袭，还有北极熊的侵犯。要是不提高警惕，欢欢和同伴们就会遭到这些猛兽的袭击，甚至会失去生命，成为猛兽们的美餐。

有一次，欢欢和哥哥一起到浅海区嬉戏。它们从水里刚探出头，就看到旁边的浮冰上有一只北极熊。那只北极熊一见它们，就兴奋地张开双臂跃入海中，向它们扑来。这可把欢欢和哥哥给吓坏了，慌忙逃离，潜入深海之中。北极熊潜不了那么深，就没有继续追赶，只好灰溜溜地浮出海面。

当时，欢欢和哥哥在深海里憋得都快窒息了。后来，看到北极熊走了，危险解除，它们才敢浮出海面换口气。

欢欢把这事讲给我听时，我真替它们捏了一把汗，说："你们真是有惊无险呀！"

欢欢笑了，说："你知道北极熊是怎么死的吗？"

我迷惑不解地说："不知道。"

欢欢看着我，大声说："笨死的！"

我哈哈大笑起来，心想，我真是笨，和北极熊一样。

欢欢告诉我，北极很冷，冰天雪地，夜晚比白天还要冷，能达到零下四五十摄氏度，真的是滴水成冰哦！欢欢和同伴们有时会躲在海中的暖流里，喷水玩儿。喷出的水柱和水汽瞬间就会在空中凝成许多小冰柱，然后又“噼里啪啦”掉下来。如果是一群白鲸喷水，“噼里啪啦”的声响就会接连不断，就像我们过年放鞭炮一样，可好玩儿啦！

我问欢欢：“你们白鲸也过年吗？”

欢欢说：“当然啦，我们也过年的。不过我们过年不固定时间，只要高兴就过年。”

我好奇地问：“那你们怎么过年呢？”

欢欢说：“开音乐会啊，我们可是海洋中的歌唱家！我们用呼吸孔发声，能发出一百多种音调和旋律，还能模仿自然界的其他声音，比如北极熊和北极狼的嚎叫声、狂风的呼啸声、牛的哞哞声、猪的呼噜声、马的嘶鸣声、鸟儿的喳喳声……大家聚在一起，就比谁唱歌好听。我们白鲸举办的‘喷泉音乐会’别开生面，可不是每个人都能见到的。不过我们唱歌的声音很大，能传出很远。所以听到的人也不少。”

我赞叹道：“要是能听听这样的音乐会，那该多好。”

为了满足一下我小小的愿望，欢欢便唱起歌来，歌声悠扬悦耳。

我高兴极了，情不自禁地对欢欢说：“欢欢，咱们永远是朋友！”

欢欢说：“你是我的好朋友，可有的人类却是我们白鲸的敌人。他们可坏了，经常开着船对我们白鲸进行疯狂的捕杀，每次听到兄弟姐妹们被捕后悲惨的叫声，我心里别提有多难过了……我们白鲸天天生活在恐慌和惧怕中，与人类和谐相处的时光越来越短暂了，因为我们就快要灭绝了！”

听了欢欢的话，我心里很难受，真想大声呼喊：我们人类不要再捕杀白鲸了，它们是我们的朋友，就让它们在海洋中快乐生活，就让我们与它们和谐共处，共同享受这美丽的世界吧！

白鲸与人类

海洋中的金丝雀

再没有一种海洋生物能有这样美丽的称号了——海洋中的金丝雀，这是法国探险家雅克·卡提尔在加拿大魁北克圣劳伦斯河入海口发出的由衷感叹！当时是1535年，历经艰辛到达圣劳伦斯河的雅克·卡提尔和他的船队，发现成群结队的白鲸在船只周围嬉戏，就像是特地来欢迎他们似的。白鲸们在水中欢跳着，鸣叫着，宛如歌者，它们的歌声悠扬动听，响彻百里。雅克·卡提尔和他的船员们顿时忘却了旅途的疲劳，

尽情欣赏着白鲸们的表演，并从此称呼白鲸为“海中金丝雀”。

也有人称呼白鲸为“海洋中的口技专家”。白鲸能发出很多种频率的声音，包括人类无法听见的高频声音。这一点很令我们人类羡慕和着迷。其实，这对白鲸来说根本不算什么，白鲸之间的交流，就像我们人类之间说话一样，想说就说，想唱就唱，不同种群和地区的白鲸还有不同的口音呢。

会说人话的白鲸

白鲸喜欢模仿，有强烈的好奇心和好胜心，所以，海洋馆或极地馆中的白鲸经过后天的人工训练能唱出我们人类的歌曲，这一点儿都不稀奇。稀奇的是白鲸还能学人类发声，说人话。

这头能说人话的白鲸名叫Noc，生活在美国的一家科研机构里，它令科学家们感到十分惊讶，因为科学家们一直认为鲸鱼发声的方式与人类完全不同。没有谁训练 Noc 学发人声，它却不仅修改了自身的声带发声机理，让自己的声音节奏与人类的更加接近，还将自己的声音频率降低，使它低于大部分鲸鱼的声频，更接近人声。这样，Noc 就能够和我们进

行交流了。

在和人说话之前，Noc 会先尝试着和海豚进行交流，然后，再试着与潜水员对话。Noc 甚至给正在水中潜水的潜水员发出指令，要他上浮。这位潜水员浮出水面后惊讶地询问同事，到底是谁让他上浮的？

研究人员认为，潜水员在水下通过通信设备与地面指挥部门沟通，这一行为引起了 Noc 的注意，所以它才开始尝试着模仿人类发声。于是，研究人员搭设了特殊的水下监听平台，仔细搜集 Noc 模仿人类发声的例子。通常鲸鱼是通过鼻道发声，而人类是通过喉咙发声，为了能够发出类人声，Noc 不得不改变鼻道中的压力，同时对肌肉进行调整，使呼吸孔前的气囊膨胀，这一切都不是容易完成的。

但是，研究人员还没有来得及和 Noc 沟通，搞清楚它学人说话的动机，它就去世了，只留下了录音，提醒我们曾经有这样一头会说人话的白鲸存在……

音乐救白鲸

1985年1月底，一群捕猎毛皮兽的俄国人在靠近北极的楚科奇半岛附近看到惊人的一幕：大约有1,000头白鲸被40公里宽的冰原包围着，被困其中。白鲸们无法靠潜水越过这么宽的冰原，它们着了慌，拼命用背部撞击冰块。但是冰块太厚了，怎么也撞不破，它们只能绝望地嘶叫着。

消息传开后，人们开着摩托雪橇给这些饥饿的白鲸送去了几百公斤的鱼，并通过无线电设施唤来了直升机和莫斯科号破冰船。在飞机的指引下，破冰船开出了一条20多公里长的通往无冰海域的水道。白鲸一动不动地挤在一起，它们惧怕这艘高大的破冰船，不敢游进通道。正当大家不知所措时，忽然，一个船员大声说：“白鲸喜欢唱歌，是海洋中的金丝雀。我们放段音乐试试，或许能把它们引过来！”船上响起了动听的音乐。啊！奇迹果然出现了，白鲸成群结队地跟着破冰船慢慢游出冰区，进入深海。白鲸得救了！

人类危险

对于爱斯基摩人来说，白鲸非常重要。他们吃白鲸的肉，还把白鲸的油用来点灯。白鲸油用于点灯不仅明亮，还能释放出大量的热，让爱斯基摩人的冰屋保持温暖。白鲸的皮坚韧而且有种特殊的香味，是爱斯基摩人最爱的装饰材料。

性情温和的白鲸从不回避人类，人类很容易接近它们，这也在某种程度上助长着捕猎者的贪婪和欲望。17世纪以来，由于捕鲸的高额利润，捕鲸者对白鲸进行了疯狂的捕杀，致使白鲸的数量锐减。更加可悲的是，白鲸的生态环境遭到毁灭性的破坏，大批的白鲸相继死亡。科学家们经过尸体解剖终于找到了引起白鲸死亡的原因：由于受到一系列有毒物质的侵害，白鲸的免疫系统遭到严重破坏，患上了胃溃疡穿孔、肝炎、肺脓肿等疾病，还有的白鲸患上了膀胱癌，这在鲸类动物中是从来没有过的事情……

谁是白鲸

白鲸是北极地区特有的鲸类。在北极圈居民的方言里，白鲸的意思是“白海豚没有翅膀”，所以，要记住白鲸没有背鳍哦！灰白色的白鲸在海面或贴近海面的地方嬉戏，非常容易被辨认。

☞白鲸的头部较小，额头向外隆起，突出且圆滑，喙很短，唇线却很宽。作为鲸鱼，白鲸的个头儿有点儿小，成年白鲸的体长不会超过6 米，体重也不会超过2 吨。当然，和人类相比，白鲸依然是个大块头。白鲸宝宝则要小很多，只有约1.6米的身长，重约80公斤，但若想一个人抱走白鲸宝宝依然不大可能。另外，白鲸还可以很轻松地把头甩到一边去。

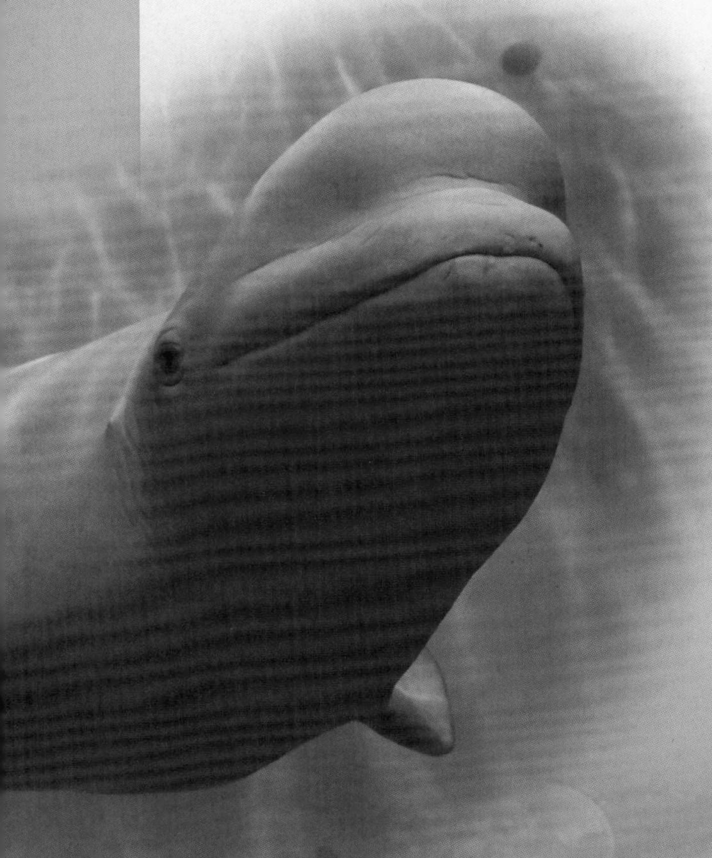

☞白鲸的背部肌肉非常坚硬，能够将厚度达10 厘米的冰层拱破，以便把头露出水面进行呼吸。作为游泳高手，白鲸随便潜个百十来米不在话下，最深能够潜入海底700米，潜水时间可长达45分钟。

☞绝大多数白鲸生活在欧洲、美国阿拉斯加和加拿大以北的海域中，它们喜欢热闹，通常会选择与同伴们一起生活。不过，还是有些调皮的白鲸喜欢离群漫游。有时甚至会独自南下，潇潇洒洒地游上几百公里，在黑龙江江口或者苏格兰福斯河河口露出尊容，带给人们意外的惊喜。在欧洲，偶尔还会有白鲸顺莱茵河一路游荡，参观科隆，造访波恩，足足流连一个多月，吸引上万人在小船和岸上观赏。

☞白鲸的歌声独一无二。座头鲸、逆戟鲸也会唱歌，但白鲸不仅会唱古典风格的歌曲，还会唱摇滚风格的歌曲！白鲸还是世界上鲸类中回声定位最为发达的哺乳动物，能够在极地恶劣的条件下，在茫茫冰层里寻觅到比较薄的冰层或冰洞以供呼吸。

为了躲避北极熊等天敌的捕杀，白鲸会根据北极熊的分布情况刻意躲避天敌，为此，甚至每年都要做长途迁徙。

极地馆里的白鲸

白鲸在极地馆里是最受欢迎的动物明星之一，它们在极地馆里生活得怎么样呢？在极地馆里，白鲸受空间的限制，只能生活在固定区域，而不能像在自然界里那样在大海中做季节巡游。

由于自然界里白鲸受光照时间长，所以要比极地馆里的同龄白鲸更大、更白。但是自然界里的白鲸容易受真菌感染和寄生虫困扰，需要季节性地到浅水区寻找沙子蜕皮。而极地馆里的水体质量比较好，白鲸就没有那么多麻烦了，只是它们蜕皮的天性还在，一般情况下会选择在墙壁上蹭掉死皮。

在极地馆里，白鲸的食物比较单一，主要吃青鱼、多春鱼、鱿鱼和笔管鱼，好在不用自己找食物，白鲸们生活得还是很开心的。

活泼男孩小九

我上过
“非诚勿扰”哦

大连圣亚（大连圣亚海洋世界的简称）“极地世界”里的白鲸明星——小九现在八岁了。体重约500公斤的小九是个男子汉，他非常喜欢与人相处，也很活泼，每当游客靠近他生活的区域，他便会游到隔离玻璃前摆动前鳍，张开嘴巴，好似在水中跳舞，和游客打招呼。其实这都是小九想引起游客注意、渴望与游客玩耍的表现。

小九虽然年龄还小，可他已经会表演节目了。他表演的《白鲸传奇》节目非常受欢迎。小九入住大连圣亚的“极地世界”后特别依赖人类。表演、训练这些事情，小九都会觉得是驯养师在陪他玩。所以即便驯养师不给鱼吃，小九也会成功地完成驯养师示意他去完成的动作。当驯养师在岸边与别人说话时，小九会觉得驯养师不理他了，他就会朝岸边的驯养师吐水。如果他得逞了，就会停止吐水；但如果水没有溅到驯养师，他就会一直吐，淘气极了！小九的另一个喜好就是咬脚蹼，每周一次的清扫白鲸池，驯养师都会背着氧气瓶，穿上脚蹼潜入水底，这时小九就会跟在驯养师的后面，追着去咬脚蹼，他觉得这样很有意思。

小九非常重感情。当初白鲸池有两头白鲸：小九和小十。小十是个小丫头，是从其他海洋馆租借来的。2012年，小十要离开大连圣亚的“极地世界”回家了。当驯养师下到白鲸池要运送小十时，小九意识到小十要离开了，拼命地阻止，最后还被小十咬伤了尾鳍。在小十走后的头几天里，小九显得特别悲伤，无精打采的，驯养师花了好多时间去安抚他，才化解了小九心中的郁闷。

聪明姑娘莎莎

白鲸莎莎是大连圣亚“极地世界”另一个节目《海豚湾之恋》里的明星，是个女孩子。她可以称得上是圣亚的原住民，自从《海豚湾之恋》表演推出，莎莎就一直是当家花旦。莎莎是一头成年白鲸，皮肤雪白，非常漂亮，也很聪明，加上在海洋馆里生活多年，对这里的一切都很了解，就连驯养师的情绪她似乎都能够察觉到。如果新来的驯养师第一次训练白鲸时表现得很紧张被莎莎看出来了，她就会故意不配合，欺负新来的驯养师，而对老驯养师则会百依百顺。

莎莎的聪明还表现在她会思考，会想办法去得到她想得到的东西。有一次，一名新来的驯养师带着一桶鱼来到莎莎旁边，想与她亲近，以获得莎莎的信任。不巧的是，这时正好该驯养师被其他同事叫走，而走的时候竟大意地将鱼桶放在了岸边。不想十几分钟后他再回来时，鱼桶早已扣翻，半桶鱼都散落在水中，莎莎正高兴地在那儿吃着鱼呢。想来一定是驯养师走后，莎莎看到鱼桶，就不停地蹿出来，最终将鱼桶打翻的。

小花絮 你想当白鲸驯养师吗？

白鲸驯养师不但可以近距离和白鲸接触，还能骑在白鲸背上，可神气了！你想不想将来也当一名白鲸驯养师？不过，白鲸驯养师可不是那么好当的，要负责白鲸的饮食起居，包括每天早上处理新鲜的饵料、每周清洗白鲸池、空闲的时候陪白鲸玩耍等许多琐碎工作，还要对水循环等系统有所了解，随时掌握白鲸生活的水体情况，还要与白鲸一起进行训练和表演，工作非常繁忙。而且，如果驯养师与白鲸分开一些日子，白鲸就会表现出生疏甚至抵触的情绪。唉，真是什么工作都不容易干啊！

王者北极熊

北极熊的故事

熊妈妈爱丽和她的熊宝宝

浩瀚无边的北极冰原上，空旷而又沉寂。

刚熬过哺乳期的北极熊爱丽缓慢而又警觉地从洞穴里探出了鼻尖。她四下闻了闻，四周无声无息，但她还是闻到了春天的味道。爱丽犹豫而又试探着伸出了头，冰山在不经意间已经缩小了很多，冰雪开始融化了。爱丽还没有完全从洞穴里爬出来，两个淘气的小宝宝已经迫不及待地试图抢先冲出洞穴。

爱丽已经是第三次做妈妈了。爱丽不记得自己有过几个孩子，因为孩子两岁之后便会独立生活，离她而去。她曾经在冰原上远远地看见过自己的一个儿子，也曾见过自己的一个女儿独自抚养着两只幼崽。但那都是很久以前的事了。近年来，在这个广袤的北极冰原上，猎物越来越少。爱丽眼下最迫切要做的就是找到食物，她已经四个月没有进食了。而年幼的宝宝们却每天都在吮吸着她的奶水，如果再不进食，恐怕就没有奶水给宝宝们喝了。

爱丽仰起头，向空中深吸了一口气。茫茫冰原，空无一物，但爱丽依然可以嗅到几公里外的海象的气味。爱丽再次回头看了一眼自己温暖的洞穴，果断地走出洞口，带着欢欢和喜儿两个孩子，朝北方走去。

姐姐欢欢刚出生时，右后脚的脚掌就有点儿外翻，所以直到现在她的后脚都有点儿跛，走不快。但这并不影响欢欢的成长发育，除了因脚掌外翻而不能快走之外，她身体的其他部分一切都正常。淘气的小弟弟喜儿抢先跑在前面，爱丽则一面嗅着空中的气味一面不时回头照看着跛足的欢欢。两个小家伙第一次来到这片无垠的冰原上，眼睛里充满了好奇和欣喜。他们一会儿一前一后地奔跑着，一会儿又扭打在一起，翻滚着，撕扯着，追逐着，真是开心。但爱丽没有心情欣赏这些，她既焦急又略有点儿紧张。在这个荒芜的极地世界中，能够威胁北极熊生命的，除了人类，就是北极熊自己。为了减少争抢食物的对手，为了迫使母熊再次怀上小熊，公熊甚至会残忍地杀死自己的亲骨肉，这是动物界的自然法则，无人可以更改。

在无边无际的冰原上走了近两天，欢欢和喜儿不知道妈妈要带他们去哪儿，但这段路程他们会记忆终生。累了，爱丽会将孩子搂在身边

小睡一会儿，醒了，便又继续上路。终于，在第二天的傍晚，喜儿发现脚下的冰川随着他们的走动摇晃起来。他们已经走到了浮冰上。再往前走，喜儿看到了前面的大海。幽蓝的大海沉寂而无声地涌动着，远处灰蒙蒙的，海天一色。饥饿的爱丽眼睛直直地盯着前方，鼻尖因兴奋而抽搐起来。远处，一群海象正趴在一块巨大的浮冰上，这群海象有二百多只，其中还有四五十只小海象。爱丽伫立在那儿，耐心观察着海象们的行动。欢欢和喜儿在一旁则只顾着嬉戏，尝试着如何在浮动的冰面上站得更稳。腹中的咕咕空鸣声突然打断了爱丽的思考，她已经饥饿难耐，必须采取行动了。爱丽悄悄地俯下身体，慢慢匍匐着向海象群爬过去。

海象们早已注意到了北极熊爱丽和她的孩子们，一直保持着警惕。就在爱丽准备要出击之时，海象群感到危险即将来临，开始躁动起来。海象们不安地推挤着彼此。爱丽悄然跃进海中，海象群识破了她的意图，瞬间纷纷涌入大海，小海象更是被海象妈妈带向深海。爱丽终于游过来爬上海象群刚刚占据过的浮冰，然而，浮冰上一只海象都没有了。爱丽看向大海，海象们早就已经游远了。爱丽不愿就此放弃，全身趴在冰上，盯着水面，等待海象群的再度出现。

一夜过去，天亮了，欢欢和喜儿从睡梦中醒来，急切地寻找着妈妈。爱丽仍在浮冰上耐心地等待着海象出现。爱丽总是弄不明白，为什么近年来猎食越来越困难，冬季越来越短，浮冰越来越少。因为北极熊的主要食物来源就是海象和海豹，但随着地球的变暖，海象群在北极停留的时间也在逐年缩短，所以爱丽捕获海象、海豹的机会越来越少。可这一切她哪里明白。

终于，一只海象探头探脑地从海中露出头来。爱丽一掌便拍在了这只海象的头上，铁钩般的利爪一下子便将海象的头皮撕裂开来，鲜血顿时染红了海面。短暂休克的海象漂了起来，爱丽低头叼起海象，将它拖到冰面上，摆开架势，大快朵颐。欢欢和喜儿目睹了爱丽的捕猎过程，这是他们人生的第一课。饱餐一顿后，爱丽终于抬起了头，满脸血红，望着自己的儿女。爱丽来不及休息，赶紧回到宝宝身边，给他们带去新鲜美味的奶水。

饱餐后的一家人继续往北跋涉。四个月的哺乳期，消耗了爱丽大量的体能，令她失去了三分之一的体重，因此，爱丽必须在短时间内补

充身体所消耗掉的能量。爱丽的捕猎技术非常高超，只要经过海豹或海象的栖息地，她都会有所收获。天气渐渐变暖，冰化得很快。一路上，欢欢和喜儿随时都能见到断裂的冰山直坠大海，惊起一群群早到的海鸟。今年的无冰季即将到来。冰原是北极熊赖以生存的地方，本能指引着爱丽往更北的方向走去。因为，只有在浮冰上才会有她的食物；只有有浮冰的地方，才是北极熊生存的乐园。

旅途中，姐弟俩断奶了。每当爱丽捕获了猎物，两个兴奋的小家伙就会蠢蠢欲动。有时，刚刚捕获的海豹还在痛苦地扭动着，两个小家伙就已冲上前去，这时爱丽便会闪到一边，看着孩子们模仿她的样子咬

紧海豹的脖颈，或者一口撕开海豹柔软的腹部。

一天清晨，爱丽被姐弟俩的打闹声吵醒，两个小家伙总是这样早起，总是这样精力旺盛。爱丽睁开惺忪的双眼，突然，一种不祥的预感笼罩全身——爱丽嗅到了公熊的味道。爱丽迅速压低了身体，远远地，一头公熊庞大的身影出现在岸边。他已经闻到了爱丽和她孩子们的味道了，正朝他们走过来。“快，快跑，孩子们！”爱丽来不及多想，带着孩子掉头就跑。

喜儿跑得很快，跛脚的欢欢却跟不上爱丽的步伐。“快，快点儿，宝贝！”爱丽不得不停下来督促和鼓励欢欢。欢欢跑得实在是太慢了，可她已经尽力了。

公熊和爱丽之间的距离在不断地缩短。甚至，每次爱丽回头，都会发现公熊巨大的身影变得越来越清晰。爱丽很清楚，公熊的身体是自己的两倍，如果相遇，自己绝不是他的对手，除了逃跑，没有其他办法。

欢欢终于跑不动了，她索性跪到了地上，用乞求的眼神望着妈妈，她真的尽力了。

看着身后的欢欢，再看着跑在前面的喜儿，爱丽顿时爆发出母性的力

量，用尽全力对着公熊咆哮。绝望的吼声划破寂静的天空，在远远的冰山顶上回荡着。

然而，公熊并没有被爱丽吓倒，他已经靠近了欢欢。公熊直立起身体，巨大的躯体遮住了清晨的阳光。在公熊的阴影中，弱小而又无助的欢欢哆嗦着试图再度站起。公熊猛地朝着欢欢扑下来，一口咬住欢欢的颈部，只在瞬间，鲜血便将冰面染红。

公熊贪婪地咀嚼着鲜嫩的幼熊身体，丝毫没有将旁边悲愤而又无奈的爱丽放在眼里。爱丽来不及悲伤，她知道，一头小小的熊崽是无法满足公熊的食欲的，她和喜儿都将十分危险。

趁着公熊正在闷头大吃，爱丽带着喜儿向远方狂奔，逃离了这片冰原……

北极熊与人类

爱丽的故事并非完全虚构，饿极了的北极熊的确连自己的同类都不放过！由于全球变暖，北极冰面在加速融化，依靠冰面来猎捕海豹或海象的北极熊越来越难以捕到猎物，因此猎杀同类的行为就越来越频繁了。然而，猎杀北极熊最多的，还是人类！

猎熊人

直立起来的北极熊有 3 米多高，就是大高个儿的姚明叔叔站在它面前，也只能到它的胸部。普通人恐怕连北极熊的腰部都到不了。这样庞大的猛兽，咆哮起来，极其可怕，一巴掌拍下来甚至能将人的脑袋拍碎。因此，北极熊是不折不扣的“北极之王”。

人类要想在北极生存下去，就必须面对残暴的北极熊。爱斯基摩人——唯一生活在极地的人类种族，有着非凡的智慧和勇气。他们用弓箭和猎犬围捕北极熊，因为北极熊是他们最可怕的敌人和最有用的动物。每个爱斯基摩人都为自己能捕到一头北极熊而骄傲。对于爱斯基摩人来说，成年北极熊非常有用，它的皮可以做衣服，它的肉可以吃，唯一不能吃的部分就是肝脏，因为维生素 A 的含量太高了，对人体有害。

自从有了枪以后，爱斯基摩人猎杀北极熊就容易多了。熊皮价格昂贵，用熊皮制成的地毯堪称豪华用品。在挪威，被活捉的北极熊是献给国王和王后的贡品，更是动物园和马戏团里备受欢迎的动物明星。

现在，环北极国家设置了保护区，制定了相应的法律来保护北极熊不被过度捕杀，但爱斯基摩人则以维护传统的名义，每年每人仍然可以捕杀一头北极熊。

熊出没

随着人类在北极活动的增加，北极熊与人类碰面的机会多了，人熊并不总是处于敌对状态。北极熊常常偷偷地溜到北极科学考察站的营地中去，有时甚至会溜进营区的帐篷、厨房和仓库中翻寻食物。北极熊的嗅觉器官是非常敏感的，它们那敏锐的鼻子甚至能闻到 3 公里以外食物所散发出的气味，所以科学考察站有什么好吃的，都逃不过北极熊的鼻子。吃饱的北极熊有时候会好奇心发作，对科学考察站里人们的活动产生兴趣，跟在人们后面观察。科学家们可不敢对北极熊掉以轻心，因为北极熊可以很轻易地杀死一个成年人，北极熊吃人可不是什么新鲜事。

怎样判断北极熊会不会攻击人类？如果北极熊鼻孔里喷着粗气，动作急躁紧张，那就是它们要攻击人类的危险信号。这种情况下，我们就要特别小心，尽可能离北极熊远些，最简单的方法是大喊一声，并不断向其投掷冰块、石块，同时还要敲打铁器发出刺耳的噪音。记住：人是跑不过熊的！所以在北极熊面前跑是最危险的动作，因为出于防守的本能，北极熊很可能会追上来。如果北极熊悠然自得，无拘无束，动作随便，头向前伸，像条大狗似的东闻西嗅，那就不必太担心。因为这时的北极熊显然是心情愉悦的，即便是靠近人类，也不过是好奇心使然而已。

熊饥饿

现在，北极熊和人类碰面的机会越来越多了。这可不是因为北极熊喜欢和人类打交道，而是因为它们太饿了。

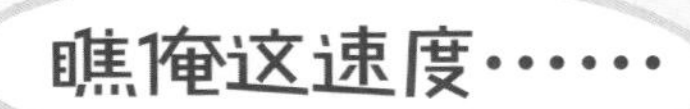

北极熊必须在浮冰上才能捕捉海豹或者海象，如果没有浮冰，就没法捕猎这些大家伙。然而，有时因饥饿难耐，北极熊不得不冒着挨枪子儿的危险到人类居住地寻找食物。俄罗斯北方楚科奇半岛的居民就曾遭遇过这样一群觅食的北极熊。

当时，数十头饥饿的北极熊在居民区附近游荡，不时窜入居民区寻找能吃的东西。这些凶猛的北极熊让人害怕。许多居民白天都不敢上街，生怕遇到它们，发生意外。有些年长而没有亲属的人甚至一两个星期都不敢去商店，只能靠着家里贮备的食品勉强度日。

这些饥肠辘辘的北极熊似乎饿了整整一个夏季，有的母熊甚至背着小熊崽在垃圾场里四处乱翻，寻找一切可以吃的东西。可怜的北极熊曾经是北极的霸主，现在却面临着被饿死的威胁。

调查研究表明，冰雪每提前融化一周，就会使北极熊的体重减少10公斤。而在加拿大东北部的哈得逊湾，气温每上升1℃，就会使雌性北极熊的体重减少22公斤，这意味着如果气温继续上升，北极熊将来可能无法生育和抚养健康的北极熊宝宝，这是很可怕的事情。

熊监狱

专门关押北极熊的监狱，你听说过吗？这个监狱在加拿大中南部曼尼托巴省的丘吉尔镇。镇子不大，只有1,000多人，而且位置偏僻，那么怎么会专为北极熊开设监狱呢？

原来，夏季的大部分时间里，北极熊都在睡觉。到了秋季，它们就开始向加拿大东北部的哈得逊湾迁移，那里是北极熊猎取海豹的传统区域，而丘吉尔镇正好处在北极熊北移的必经之路上。每年的10月到11月，大约会有1,200多头北极熊路过丘吉尔镇，给当地居民带来了很多麻烦，还发生过饿熊食人的惨剧。后来，探险家艾伦来到这里，他曾多次去北极探险，非常了解北极熊。他很爱这种巨大又美丽的动物，不忍心看着它们被愤怒的人类报复，于是就想办法拯救北极熊，最终在镇政府的支持下，丘吉尔镇建立起世界上独一无二的“熊监狱”。

丘吉尔镇的各家各户都安装了报警电话，还在艾伦的倡导下成立了一支巡逻队。一旦发现北极熊闯入镇内，人们便立即将情况报告给值班人员。艾伦和他的同事们便会赶来，想办法捕获北极熊，并把它们暂时关进“熊监狱”，恐吓一番，再放走，让它们从此不敢再靠近小镇。

这座“熊监狱”能同时关押20多头北极熊。关押一段时间后，工作人员就会将北极熊麻醉并装入大网兜，然后用直升机运送到几十公里以外的地方去放生。在放生前，工作人员会对每一头北极熊做检查，化验它们的血液、脂肪，还要登记年龄，在嘴唇内部打上烙印，在耳朵上钉上标记。一般来说，经过这么一番折腾的北极熊，对“熊监狱”都会产生一种恐惧感，一旦得以脱身，都会逃得远远的，日后再也不敢回丘吉尔镇了。

吓唬北极熊并不是“熊监狱”开设的目的，艾伦其实是想通过“熊监狱”来保护北极熊。因为设立了“熊监狱”，丘吉尔镇声名远播，每年都有许多游客前来观看北极熊。艾伦便趁机宣传、号召人们近距离接触并了解北极熊。游客带来的收入，艾伦都会用于保护北极熊，购买食物和设备，让北极熊能够更好地过冬。如果有游客“不规矩”，企图伤害或者惊扰北极熊，工作人员则会及时制止。

目前生活在世界上的北极熊大约有2万头，与仅存十几只的白犀牛、苏门答腊虎等濒临灭绝的动物相比，情况还算是比较好的，但整体数量也在一天天地减少。北极熊的未来恐怕不得不依赖人类了。真不知道这是北极熊的悲哀还是人类的悲哀。

谁是北极熊

北极熊是世界上最大的陆地食肉动物，又名白熊。它们是北极的代表，是当之无愧的北极动物之王。

☞按动物学分类，北极熊属哺乳纲熊科。雄性北极熊直立时身长最高可达 3.3 米，体重可达 500 公斤至 800 公斤。雌性北极熊则要纤细苗条一些，身长一般在 2 米左右，体重只有雄性的一半。因此，在雄性北极熊面前，雌性北极熊没有还击和反抗的能力。北极熊冬眠时会储存大量的脂肪，体重能足足达到 1 吨！

☞北极熊的视力和听力与人类相当，但它们的嗅觉极为灵敏，是犬类的 7 倍。曾发生过这样的事：某年春天，爱斯基摩人捕到了许多鲸，并把鲸的内脏埋在地下。秋天，海上结了冰，有一天，成群结队的北极熊突然向爱斯基摩人聚居的村庄奔来。吓坏了的村民们用鞭炮声驱赶它们，用直升机的轰鸣声威胁它们，但都毫无效果，因为北极熊实在太多了。恐惧的村民们似乎只有等待被熊吃掉的命运，但北极熊只是挖出埋在地下的鲸内脏，大吃一顿后便扬长而去。村民们这才恍然大悟，这些北极熊原来是被埋在地下的鲸内脏的气味吸引来的。

说到这里，要顺便提醒一下小朋友，别看北极熊走路的样子十分笨拙，但奔跑起来却十分轻盈，赶超人类的百米世界冠军简直是轻而易举，所以，千万别让北极熊追你！

☞人类并不是北极熊喜欢的食物，因为脂肪太少了！为了应对冰天雪地的严酷自然环境，北极熊需要高热量的脂肪，一方面用来维持自身保暖用的脂肪层，另一方面则是为食物短缺时储存充足的能量。所以，北极熊主要吃海豹，特别是皮下脂肪层厚厚的环斑海豹。要是找不到海豹，它们也会将就着捕食海象、白鲸、海鸟、鱼类和小型哺乳动物，有时也会打扫腐肉。与其他熊科动物不一样的是，北极熊不会把没吃完的食物藏起来等以后再吃，而往往是吃完脂肪层后就走开了，白白便宜了懒惰的同类或者爱吃腐肉的北极狐。

☞北极熊是非常出色的游泳健将。但随着北极浮冰的减少，北极熊淹死在大海中的概率大大增加。这听上去像是一个笑话，但在海洋中游了数十里追赶海豹的北极熊若是找不到一块可以爬上去休息的浮冰，就会因为太疲惫而被淹死。

☞熊很懒惰，北极熊尤其懒。它们生命中的大部分时间都处于“静止”状态，睡觉、躺着休息、趴在冰面上守候猎物，偶尔才会行走或者游泳。北极熊花在捕猎上的时间很短，这可能也是它们经常挨饿的原因。

为什么北极熊不怕冷？

北极是地球上全年平均气温最低的地区，有时甚至低到 -80℃，这样的低温一般哺乳动物是没办法生存的。然而，在这里生活的北极熊却安然无恙。因为它们有御寒法宝。

北极熊的第一件法宝是它们有厚厚的皮下脂肪层。脂肪层足足有10多厘米厚，有一个成年人的手掌那么深，就像给北极熊穿了一件耐寒的大棉袄。

北极熊的第二件法宝是它们的脚掌。北极熊的脚掌长得又肥又大，还覆盖了一层很厚的密毛，就像穿了一双毡靴，所以冰天雪地对它们来说真不算什么。

北极熊还有一件法宝，就是它们身上那厚厚的长毛。北极熊的毛可不是一般的毛，而是白色的空心管，防水隔热，还是天然的高效太阳能收集器，能把 90% 以上的太阳辐射能转化为热能。穿着这样的“保暖外套”，北极熊当然不怕冷啦。

为什么没有南极熊？

有趣的是，虽然南极也有很多北极熊喜欢吃的食物，比如说海豹啦，企鹅啦，还有各种鱼类什么的，可在南极却完全看不到北极熊的踪迹。

如果有一天北极熊到了南极，它们一定会觉得这地方是天堂。科学家对于为什么没有南极熊的解释很简单：北极熊是在别的地方进化而来的，之后便再没有机会跑到南极去。

北极熊出现的历史并不长，它们和棕熊的亲缘关系非常近。它们的祖先就像绝大多数熊一样生活在北半球，所以北极熊进化出来后也就继续生活在北极。地质史上从未出现过从北极到南极的海洋全部冻结的情形，而北极熊又不擅长长途游泳，那么它们想要到南极的唯一途径就是步行穿过美洲大陆。但是北极熊又适应不了温带和热带气候，所以这就断了它们跑到南极去与企鹅会面的念想。

极地馆里的北极熊

北极熊这么庞大的动物，在极地馆里是怎么生活的呢？自然界中北极熊主要吃海豹，极地馆里可吃不到这个，其主食是海鱼、牛肉，为了保证营养均衡，偶尔也会吃些蔬菜、水果以及维生素、鱼肝油等。虽然不怎么合口味，但不用辛苦捕食，而且绝对不会饿肚子，所以北极熊也就欣然接受了这个食谱。

在极地馆里，北极熊不用整天为食物奔波，有充裕的休闲时间，于是驯养师特别准备了轮胎给北极熊玩耍。而且，由于极地馆里四季不分，没有自然界的气候变化，北极熊也就没有了冬眠夏眠的习惯，一般熄灯后北极熊就会睡觉，作息时间基本上和我们人类差不多。

熊明星卡卡

在大连圣亚的“极地世界”里，生活着一头庞大的北极熊，它的名字叫卡卡，它非常记仇，而且报复心很强。有一次，驯养师在清扫笼舍时不小心用水管冲到了它，它就一直记着，等驯养师下次要进入笼舍前，它悄悄躲在展厅一侧，等驯养师进来，它便突然冲出来，对着驯养师大喘气，故意吓唬驯养师。与卡卡相处久了，驯养师发现卡卡在使坏吓唬人之前通常都会动动鼻子，于是驯养师一看到卡卡动鼻子就会特别小心。

北极狼的展厅和北极熊的展厅相邻，卡卡可以透过玻璃看到邻居北极狼，大概是出于好玩的心理，它会用吓唬驯养师的方法吓唬北极狼。

卡卡非常聪明。驯养师每月都要对卡卡展厅的卫生进行一次彻底的清扫，这时驯养师会提前在笼舍里放好食物，将卡卡引入其中，然后关好笼舍，再进入展厅打扫。然而打扫次数多了，卡卡便知道了这个流程。卡卡非常不喜欢进笼舍，开始的时候，驯养师放好食物，它就会用前肢将食物够到身边，不进笼舍；后来驯养师将食物往笼舍深处放，它在进笼舍享用美食时会故意将一条腿留在外面，让驯养师无法关上笼舍。再后来，驯养师将食物放在笼舍更深处，这回卡卡的身体要完全进入笼舍才可以吃到食物，于是卡卡又想出一个办法，就是迅速将食物叼起，然

后向展厅跑去，驯养师如果关门就会撞到卡卡。卡卡正是利用驯养师的怜悯之心，多次成功窃取食物后返回展厅享用。为了让卡卡进笼舍，驯养师有时要花 3 个多小时与卡卡斗智斗勇。

卡卡可是个地道的吃货，尤其喜欢吃甜食，每到夏天，冰棍、西瓜都是它最好的饭后甜点。卡卡在吃食时还会有各种各样奇怪的小动作，比如抓地、抠牙、飞吻、作揖等。小朋友们如果在大连圣亚的“极地世界”里看到卡卡口吐白沫，可千万不要以为它生病了，其实它那是在流口水，估计心里正想着美食呢。

卡卡自述

我叫卡卡，我可是“中国第一大北极熊”，别看我只有1.5 米的身高，体重却有 755 公斤，呵呵，看我长得多壮实！我住在大连圣亚的“极地世界”里，是这儿的大明星！每天早上起来，我要先梳洗打扮，吃完早餐后进行体能锻炼，我最喜欢的健身方式是游泳。午饭后，我会美美地睡上一觉，醒来后再进行水中锻炼。这儿的饲养员会根据我的体能和生长要求为我准备营养餐，有牛肉、猪肉、苹果、鸭梨、黄瓜、西红柿、胡萝卜、鸡蛋和粗粮等等，我的胃口不大，每天有20公斤吃的我就心满意足了。

“极地世界”新建了“北极动物村”，我被推选为“一村之长”，掌管一村的大事小情，肩负的担子好重哦！

不过，领导也有领导的好处。这不，我因此被分到一幢超级豪华的别墅里居住。别墅里的设施应有尽有，标准的大泳池足够我嬉水玩乐。村委会还把北极熊贝贝派来与我同住。这下可热闹了，贝贝天天与我练习拳击，左勾拳、右直拳……看看谁的拳头硬。打归打，我们的感情还是很好的。

我的伙伴还有北极熊笨笨和大宝。有一次，驯养师给我们吃活红鲈鱼。8斤多重的鱼，刚刚扔过来还没落地，就被笨笨在空中截获，一旁准备捕食的大宝只能眼巴巴地看着美味落入同伴的口中。看到大宝的“可怜样”，心地善良的驯养师又扔过来一条活红鲈鱼，此时笨笨正吃得津津有味，无暇顾及。大宝就利用这个机会，一跃跳入水中，尾随着活鱼游了两圈后，一口将鱼叼入口中，转身上岸用力撕咬起来，顷刻间，一条大鱼便尸骨无存了。

看到我们这么喜欢吃活鱼，驯养师就又扔过来一条活鱼，大宝和笨笨几乎同时跃入水中，并为争抢活鱼在水中厮打起来，相互用熊掌拍击着对方。别看平时它们体态臃肿的样子，打起架来可是身手敏捷，腾挪躲闪，好像都有功夫在身，最后还是游泳水平更胜一筹的大宝将鱼抢到了。

至于我，呵呵，我还用得着抢吗？我只需站起来便能轻松够到鱼，谁让我比它们都灵活呢。

真真假假，猜猜看

如果你已经认真阅读了前两部分，那么请看下面的故事，猜猜到底是真是假。

1. 白鲸的爱

刚刚参加了北极旅游团的刘洋同学说，他这趟旅行，印象最深刻的是在破冰船上看见两头白鲸，一雌一雄，在一起做游戏，它们相亲相爱，那场面非常令人感动。

小明虽对这段话的真实性表示怀疑，但还是有那么点儿羡慕嫉妒恨。

你觉得刘洋说的是真的吗？

2. 追赶白鲸的爱斯基摩人

两个素不相识的爱斯基摩人在雪地里相遇。他们先互报了姓名和居住地址，然后坐在皮筏上交谈。

A：“我正在追赶一头白鲸。”

B：“啊，我也是。”

A：“这种生物真可爱。”

B：“没错，我打算把它带回去，给小儿子当宠物。”

你能指出这个故事哪些地方是瞎编的吗？

3. 熊掌逃生

参加过三次北极考察的李博士说，北极熊是他一辈子的噩梦。

有一次，他为了拍摄一群海豹，被同伴们落在后面，可怕的是，附近还有一位不速之客——一头正在猎食的北极熊。他一发现有熊出没，立即逃进海豹群里，希望熊先生能忽视自己。可是，这只北极熊竟放弃了海豹群，紧紧盯住他不放，他足足跑了30分钟，才摆脱这个极其可怕的大家伙的威胁。

你觉得李博士的故事可信吗？

4. 吃人恶魔熊大爷

南极企鹅从没见过北极熊，对这种白色巨兽的一切都充满了兴趣。

“北极熊最爱的食物是白鲸，”一只从出生就住在南极的企鹅对同伴说，“我听科学考察站的人说，它们个个都是捕鱼高手呢！”但路过的漂泊之鸟信天翁显然不同意这个观点，它认为，北极熊最爱吃的食物是人类。

你更同意它们哪一位的观点呢？

（答案见下页）

1

自然界有很多动物，永远也学不会如何和同族的异性好好相处，比如白鲸。尽管它们从不介意自己喜欢的驯养师是男是女，但在大海中，除了每年一度的繁殖季节外，白鲸帅哥和白鲸美女都自成一派，男生和男生一起觅食，女生和女生形影不离。

万一谁想混进对方的队伍里——哼哼，下场可能是遭到集体鄙视、驱逐出境，严重时没准儿还要被揍个鼻青脸肿。

如果你看到结伴在海里游荡的不同性别的白鲸，那它们之间多半是母子关系。

2

在爱斯基摩人眼里，白鲸是重要的食物和燃料。白鲸的脂肪是燃油灯和火炉里的燃料，白鲸肉估计大多数人咬不动，而他们却嚼得非常开心。另外，爱斯基摩人有个非常特别的小习惯——自己的姓名不能从自己口中说出，因为他们相信，名字是带有特殊力量的，这种信仰和中国北方的鄂伦春族有点儿相似。如果你想知道某个爱斯基摩人的名字，抱歉，问了他也不会说，最后你只能去问他的邻居。

3

你是否认为，北极熊拖着 3 米长的庞大躯体，一定十分笨拙？其实，全世界速度最快的短跑冠军以跑百米赛的极限速度狂奔一个小时，也只能和北极熊一族跑得最慢的家伙得到同样的名次。

想在北极熊面前靠速度逃命？基本上没戏！

4

在温度极低的极地，热量才是最重要的东西，所以脂肪成为进餐首选项。什么？人类？那种干巴巴没多少脂肪的生物，除非饿得忍无可忍，否则北极熊可没多大兴趣去吃。

问题是人类绝对不可能全身光溜溜地在北极四处溜达，而当我们裹着一身笨拙的皮毛或羽绒服出现在北极熊面前时，看起来就跟海豹差不多了：胖墩墩，圆滚滚，肥嘟嘟。

不过，饱餐之后熊魔王一定会后悔：呸呸，人类这种动物，看起来肉很多，结果外面厚厚一层全是不能吃的皮和毛！

猜对了吗？相信你是最棒的！

霸主北极狼

北极狼的故事

哈利成长记

在北极圈附近，皑皑的白雪和坚冰覆盖着那里广袤的陆地，寒风卷着雪花，没完没了地在冰原上铺了一层又一层。在那里，一年只有一昼一夜，每年从11月下旬开始，就有将近半年的时间里是见不到太阳的。即使是在夏天，太阳也还是那么冰冷地斜挂在低低的天空上，没有一丝的暖意。

北极狼是能够在那里生存下来的少有的动物之一。北极狼的牙齿非常锋利，身上披着厚厚的、雪白的皮毛，与冰原融为一体。北极狼和北极熊不同，北极熊喜欢独来独往，而北极狼则喜欢成群生活在一起，依靠集体的力量迎接残酷的大自然挑战。

哈利是一只小北极狼，虽然还未成年，但天生威武，颇有他父亲的勇猛劲头。哈利所在的狼群跟着一群驯鹿已经走了两天了，他们希望抓住机会逮一头驯鹿。

“妈妈，我累了，咱们休息一会儿吧！”盯着鹿群埋伏了很久之后，哈利终于忍不住对妈妈说。

“孩子，冬天快到了，我们必须这样长途跋涉抓捕猎物，好储备过冬的食物，让我们的狼群能够抵御漫长的寒冬。你已经长大了，要学会捕食的本领，这是你的责任，以后你也要像你爸爸一样成为北极狼首领！”狼妈妈的目光慈祥而又坚定。

“妈妈，你看！爸爸他们已经出击了，鹿群已经被赶到了我们伏击的地方了！”哈利激动地叫起来。

“冲上去！孩子！”狼妈妈大吼着蹿了出去。

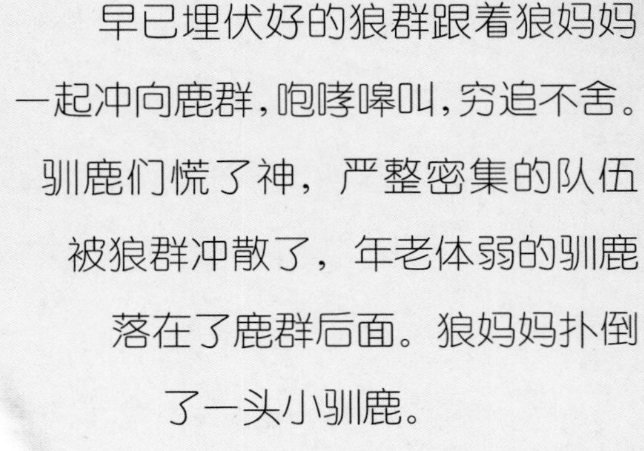

早已埋伏好的狼群跟着狼妈妈一起冲向鹿群，咆哮嗥叫，穷追不舍。驯鹿们慌了神，严整密集的队伍被狼群冲散了，年老体弱的驯鹿落在了鹿群后面。狼妈妈扑倒了一头小驯鹿。

哈利跟在狼群的后面努力奔跑着。突然，他脚下一滑，竟然跌倒了，从山坡上滚出去好远。哈利好不容易稳住身体站定了，“咔嚓”一声，后脚又被岩石卡住了，动弹不得。哈利大声喊着妈妈，可是狼群已经跑出去很远了，没有谁注意到此

时失踪的哈利。哈利疼痛难忍，在寒风中瑟瑟发抖，一点儿力气也没有。远远地，传来狼妈妈呼喊哈利的声音，哈利想回应妈妈，怎奈声音被寒风削弱了，根本传不远。

雪又开始下了，哈利的四肢渐渐地被雪埋了起来，他嘴里还在不住地喊着："救救我吧，救救我啊！好疼啊！"哈利的声音越来越沙哑，他期盼的双眼始终没有望见妈妈的身影，绝望的哈利蜷缩着抖动得越来越厉害的身体，发出微弱的嗥叫。

风雪中，有些异常的声音响起。难道是妈妈找过来了？哈利一下子兴奋起来，竭力撑起身子，睁大眼睛。声音越来越大，雪雾中，一个身影渐渐清晰，原来是一头麝牛。

麝牛是生活在北极地区的另一个物种。麝牛的身上长着两层毛，长毛下面还有一层厚绒毛，叫毛丝，既坚韧又柔软，能够抵挡北极的寒冷和潮气。近几年，极端的气候现象使得北极降雪增加，冰块变硬，麝牛们很难获取到食物，为了生存，只能到更远的地方去觅食。

这头麝牛叫齐齐，他也迷路了，刚好路过这里，听见了一阵阵凄惨的狼嗥，循声找来。看到受伤的小狼哈利，齐齐愣了一下。狼可是自己的天敌啊！哈利见是麝牛，也愣住了。他看过狼群是怎样攻击麝牛的，一头麝牛够整个狼群吃好几天，可是要逮住这个长犄角的大家

伙可不容易。麝牛一般会采取圆形阵集体防御，几乎无懈可击。哈利记得，爸爸就曾带领着狼群和一群麝牛对峙一天都没有找到下手的地方，只得放弃。

现在，一头样子凶狠的麝牛就站在自己面前，犄角上闪着寒光，就像锋利的刀。哈利预感到自己的危险，不由得哀嚎起来。

听到小狼凄厉的叫声，齐齐坚硬的心动摇了。他原本想用犄角挑死小狼，可是现在他犹豫了……

趁齐齐犹豫的时候，哈利本能地挣扎着，求生的欲望给他增添了许多勇气，他几乎就要把卡住的脚拽出来了。但有块石头太大了，牢牢压住了哈利的脚。哈利不由得像只受伤的小狗一样呜咽起来。

齐齐低下头，一挑一抬，压住哈利脚的石头就被他甩到了别处。齐齐伸出舌头，舔了舔小狼的伤脚。哈利惊诧地看着齐齐，问："你干吗救我？狼是要吃麝牛的。等我长大了遇到你，还是会吃你的。"

齐齐想了想，摇着头说："那时候我会更强壮，我会保护好我的家人，不让你吃掉。"他停顿几秒又说："但是现在，我们两个都需要找到家人。否则，在这荒原的雪夜，我们谁也活不成。"

哈利明白了齐齐的意思，他有敏锐的嗅觉，齐齐有强壮的体魄，他们两个配合，就可以找到狼群和麝牛群！

荒寂的冰原，生命的存在本就是个奇迹，只要有一丝生存的可能，都不能放弃，哪怕因此与死对头和解。哈利从齐齐的行为中明白了什么是勇气。勇气不是莽撞，而是一种坚强的智慧。

那一夜，哈利和齐齐一起走了很久，终于找到了麝牛群和狼群，并各自归队。

两年后，哈利已经长大成年，成为一只强健、勇猛的公狼了。他的父亲不幸被人类射杀死去，现在，他因从选拔赛中脱颖而出，而被拥戴为狼群首领，并得到整个狼群的认可。

这一年特别冷，食物匮乏，哈利带着狼群已经奔波了好几百公里，终于发现了一群麝牛。兴奋而饥饿的狼群将麝牛群团团围住。麝牛们毫不示弱，成年的麝牛将有着犄角的头朝外排成一个圆形阵，把小麝牛们围在圆圈中，严阵以待，令北极狼们无从下手。

好在哈利已经有了类似和麝牛战斗的经验，这是比拼耐心的时候。在长时间的对峙过程中，极容易消耗体力，因此，麝牛群中身体稍弱的个体肯定会经受不住，而使麝牛的防守阵形产生松动。那时候，就是

哈利进攻的时刻。

突然，年老的哈利妈妈猛地跳起来，向对面一头年轻的麝牛撩了一脸的雪。年轻麝牛一分心，扭了一下腰，撞上了旁边的麝牛。牛群中出现了微微的混乱。这瞬间的空隙正是哈利期待已久的，他扑向早已看准的一头麝牛，狠狠地将那头麝牛压倒在地。群狼立刻跟进，一拥而上，咬住麝牛，不给他任何喘息挣扎的机会。

麝牛们愤怒了，领头的麝牛完全不顾狼群的凶残，拼命用尖角挑向狼群。其他麝牛也跑过来救援。混乱之中，哈利忽然听到母亲的哀嚎，他扭转过头，看到一根牛角正刺进了母亲的肚子，随即母亲被高高抛起，甩了出去。

哈利认出来了，那根牛角的主人，正是当年救过他的齐齐！齐齐也认出了哈利，他咆哮着向哈利冲过来。

哈利毫不退让，他的族群，那些大腹便便怀孕的母狼，那些嗷嗷待哺的小狼，都等着他带回食物。还有刚刚牺牲的母亲……哈利仰天长嗥，群狼齐啸，一场血战拉开了帷幕。

麝牛们有些畏惧了，脚步凌乱起来。齐齐看着一脸霸气的哈利，有些无可奈何。

哈利低头从垂死的麝牛身上扯下一块肉来，大口嚼着，想起母亲，他的眼角流下一行泪水。

北极狼与人类

人类对狼的情感是复杂的，一方面恐惧，一方面又将狼驯化成狗。北极狼生活在北极圈，本来与人类是井水不犯河水的，但随着人类活动范围的扩大，渐渐地，北极狼也进入了人类的视野当中。

人狼之战

北极狼生活在加拿大土著人贝尔托克的领地内。英国政府曾悬赏过贝尔托克的人头，到了 1800 年，贝尔托克族终于被消灭了。而英国人的下一个目标就是北极狼，因为北极狼总是袭击他们的家畜。1842 年，英国政府又悬赏打狼。随着移民的不断涌入，北极狼被追赶得走投无路，再加上北极狼分布范围广，与人类发生冲突是在所难免的，就这样，人们更加憎恨北极狼，大量的北极狼惨遭枪杀。人们甚至还在驯鹿的尸体中注入马钱子碱（一种有毒物质），放在北极狼可能经过的地方。而驯鹿是北极狼的传统食物，这样，无论是公狼、母狼还是狼崽就都无法摆脱厄运。这种投毒方式一次就害死了上百只北极狼，甚至其他的野生动物也无法幸免于难。

人类主要是因为害怕而讨厌北极狼。其实它们和我们一样热爱家庭，成群结队、互相帮助地生活在一起……

追踪布鲁图斯

布鲁图斯是一只北极狼，2009 年它成了一只明星狼。美国地质勘探局的科学家给布鲁图斯的脖子上戴了一个卫星定位跟踪项圈，利用卫星对它进行了定位跟踪研究。

卫星定位跟踪项圈发回的数据显示，在北极黑暗的冬天里，布鲁图斯所在的狼群在气温低至 -70℃的环境中，仍在为生计而四处奔波。

此前，人类想跟踪记录野生狼群在野外环境下的活动轨迹，几乎是不可能的。但是，这种套在布鲁图斯颈上的新型卫星定位跟踪项圈

却可以随时与全球卫星定位系统取得联系，成功地对布鲁图斯实现了跟踪定位。

卫星定位跟踪项圈所发回的数据相当详细，从布鲁图斯的活动轨迹图可以看出，这个狼群奔波了无数个地方。轨迹图中，北极地区的海峡清晰可见，不过现在已经冰封，因此狼群可以从上面经过。在从加拿大的埃尔斯米尔岛到阿克塞尔海伯格岛的路线上，布鲁图斯和它的战友辗转了 128.7 公里的行程，然后再按原路返回，往返总共用了 84 个小时。

截至 2009 年 11 月 30 日，布鲁图斯所在的狼群已经旅行了 2,708.5 公里。而且，这些数据仅仅是点与点之间的直线距离，还没有考虑狼群走弯路的因素。事实上，在雪地中行走比在一般的陆地上更为艰难，走的路更长。虽然将 12 个小时作为一个时间段，却仍然无法精确地获得关于布鲁图斯所有行为的信息，但这次的定位跟踪已经比以往的研究获得了更有价值的资料。而且，狼群会在途中捕猎，不时还会停下来休息，这都给了科学家们观察它们的机会。

在行进途中，狼群会寻找像麝牛和北极兔这样的猎物。因此，研究人员认为它们会继续前进，但无法知道它们究竟会走多远、去哪里。在夏季的几个月里，狼崽们不可能像成年狼那样长途跋涉，因此整个狼群的活动会受到一定的影响。研究人员认为，随着狼崽的长大成年，它们将能够坚持更远的路程，狼群的活动范围也会随之扩大。

与狼共舞

在德国，有一位传奇的老人，他与一群狼亲密无间，得到它们充分的信任，他就是 79 岁的狼类研究专家维尔纳 · 弗罗因德。他曾在部队当过伞兵，退役后开始研究狼群的生活习性，并成为一个占地近 2 公顷的狼群保护区的发起人。保护区里的狼大多是维尔纳 · 弗罗因德从动物园或者动物救助中心抱回的幼崽，由他一手养大。这里的狼分别来自欧洲、蒙古、西伯利亚、加拿大和北极地区。在这个广阔保护区里生活的狼，保持着它们的原始天性，而维尔纳 · 弗罗因德也和狼群一样茹毛饮血，因此他赢得了狼群的信任与接纳。

谁是北极狼

北极狼生活在加拿大北极岛屿及格陵兰北海岸，那里在北纬 70 度的北边，是地球上最荒芜的地带之一，距北极点只有 1,000 公里，一年中的大多数月份都处于 −40℃的严寒之中，包括苔原、连绵起伏的丘陵、冰谷和冰原在内，这些地区永远都是冰冻和寒冷的。北极狼必须忍受常年零度以下的低温、长达五个月的黑暗以及经常好几周都没有食物的饥饿生活。

在这样恶劣的自然条件下，北极的冰原只有极少数哺乳动物可以生存，而北极狼则是其中当之无愧的“霸主”。

☞北极环境恶劣，没有其他狼群生存，所以北极狼是所有狼族中最纯的品种。据说北极狼是林狼的变种，全身呈灰白色，身高 70 厘米左右，体重约 80 公斤，耳朵略呈圆形，嘴和四肢都显得短而粗壮，成年北极狼并不高大，长得很像萨摩耶狗。

☞北极狼一般生活在北极地区的森林里，过着群居生活。每群北

极狼有 5 只至 10 只，由一只雄性和一只雌性北极狼共同领导。之所以这么组合，大概是因为“男女搭配，干活儿不累”的缘故吧。北极狼的领地都是永久冻土，挖土极为艰难，因此它们通常都会把家安置在天然的砂岩洞穴之中。每年 5 月下旬到 6 月上旬间，母狼会在洞穴中生下两到三只小狼。

☞在北极寻找食物可不容易。北极狼的猎物主要是食草动物，如驯鹿、麝牛等，但也会捕杀北极兔、旅鼠、驼鹿、鱼类、海象和其他动物。

一只北极狼一天能吃下大约 10 公斤肉，在没有食物的情况下，它们也会去吃腐肉。北极狼的牙齿非常尖利，还会用林子里的灰色、绿色和褐色作掩护，这一切都有助于它们捕杀猎物。

☞北极狼凶猛，但重视集体力量，有很强的等级意识。在一个领地区域内，头狼为了维护自己的地位和利益，必须与其他敢于挑战的北极狼进行殊死搏斗，如果战败就得让位。

☞北极狼有很强的团队意识，捕猎时会协同作战，头狼更是身先士卒。成功捕杀食物后，会根据等级制度来进行分配，没有吃完的食物会被撕成小块，各自挖一个坑埋在泥土里，等到肚子饿的时候再来吃，吃完埋藏的食物后再开始追杀新的猎物。

万一发现猎物（通常都是弱小或年老的驯鹿或麝牛），北极狼头领便会迅速组织群狼，指挥它们从不同方向包抄，然后慢慢靠近，一旦时机成熟，便会突然发起进攻。如果猎物企图逃跑，它们便会穷追不舍。而且为了保存体力，狼群往往会分成几个攻击梯队，轮流作战，直到成功捕获猎物。

在冬季，北极狼也会猎食马鹿。因为冬天马鹿的长腿经常会陷入厚厚的积雪中，这让北极狼有机可乘，北极狼可以很轻易地捕获马鹿。对于常常陷入饥饿之中的北极狼来说，这绝对是难得的美味大餐。

由于环境污染和乱砍滥伐，北极狼正在失去它们的居住地。现在，每年至少有196只北极狼死于非命。据统计，全球现在仅剩约10,000只北极狼，北极狼已经被列为二级濒危动物。美国俄勒冈州设立了北极狼保护区，这里是北极狼的避难所，专门收容那些受伤、有缺陷或被弃的北极狼，给它们提供一个安全而又舒适的休养地。

 极地馆里的北极狼 

狼并不稀奇，但北极狼却是比较少见的。大连圣亚“极地世界”里的北极狼，是我国第一批从北极地区引入的北极狼。成年雄狼在野外平均寿命不超过7年，但在人工饲养条件下，北极狼能活到超过17年。北极狼的颜色有灰色、白色等，大连圣亚“极地世界”里的北极狼均为白色。

自然界的北极狼有藏食物的习惯，极地馆里的北极狼因为食物充足，不必为食物担忧，所以没有藏食物的习惯。

自然界的北极狼以驯鹿、旅鼠、兔子为主要食物。而极地馆为北极狼准备的食物则是羊腿和牛肉，因为驯鹿和旅鼠都太难找到了。

自然界的成年北极狼体重大约80公斤，而极地馆里的北极狼由于运动量小且衣食无忧，成年北极狼的体重通常会控制在40公斤左右。

七匹狼

2006 年，我国首次引进的7只加拿大籍北极狼乘专机飞抵大连，集体入住大连圣亚“极地世界”。北极狼属于国际濒危极地物种。为此，国家有关部门还重新修改了有关引进外来物种的管理规定，并专门起草了针对这批“特殊客人”的相关法案。2006 年 5 月 5 日，装载着北极狼的飞机降落在大连周水子国际机场，当护运人员把装有北极狼的专用运输箱抬出机舱、打开箱门时，7 只通体雪白的北极狼出现在大家眼前。经过一路奔波，北极狼略显疲惫，蜷伏在箱子里，但见到记者，便很快抖擞精神站起来，极力保持“绅士”风度，坦然面对记者们的镜头，很有明星范儿。

这些北极狼的身高都在 70 厘米左右，体重约 30 公斤，耳朵略呈圆形，嘴和四肢都显得短而粗壮，尾巴高傲地竖起，两耳伸向前方。

此次来连定居的 7 只北极狼抵达当天即被安顿在大连圣亚“极地世界”的暂养区，驯养师特意为它们搭配了丰富的营养套餐，包括肉和干粮等。它们的生活区是一个全封闭的区域，三面是由钢筋混凝土浇铸的厚墙，一面是由 40 厘米厚的亚克力玻璃围成的活动区。经过一天的休整，这 7 只北极狼很快便适应了圣亚的新生活，一家子长幼有序，和睦相处，生活极有规律。

第二天，“首领之妻”首先睁开惺忪的双眼，慢吞吞地站立起来，伸伸懒腰，然后蹲坐在高处，将头扭向背后嚎叫起来，发出“起床”的命令。其他的北极狼被唤醒后，则会低声回叫，相继站立起来，摇着尾巴，按长幼尊卑的顺序彼此亲吻互道“早安”。片刻之后，“首领”便率领其他 6 只北极狼共同进食，美美地饱餐一顿之后，就开始自由活动，有的踱步，有的休憩……

北极狼有严格的等级制度，现在大连圣亚的“极地世界”里一共生

活着 4 只北极狼，每两只放在一起饲养，这样便会相安无事，一旦混放在一起，它们便会厮打起来，争夺地位。虽然现在只是两只北极狼生活在一起，但等级制度还是会表现出来，如驯养师给它们喂食时，地位较低的狼开始会不太敢吃，等地位高的狼开吃后才会吃自己的那份。北极狼还有一个特点，就是从不当着驯养师的面吃食物，每次都会等驯养师走后过一会儿才开始吃。

北极狼看起来很凶猛，但其实非常胆小，尤其是极地馆中北极狼的一个群体只有两只，每次看到驯养师走进来，它们都会往后躲。但是与北极狐不同的是，一旦驯养师的注意力从它们身上移开，它们就会想要攻击驯养师。所以大连圣亚的驯养师从不和北极狼正面打交道，但是曾有其他极地馆的视频显示，有的驯养师带一支木棍进入北极狼展厅，北极狼就会吓得灰溜溜地跑进笼舍。

北极狼很难和人建立感情，也很难被驯化，曾经有一只北极狼生病了，驯养师将它隔离出来单独照顾，定时给它打点滴，并给它补充营养，但始终都无法虏获它的心，每次看到驯养师过来，它还是会本能地向后退，戒备心理似乎始终无法消除。

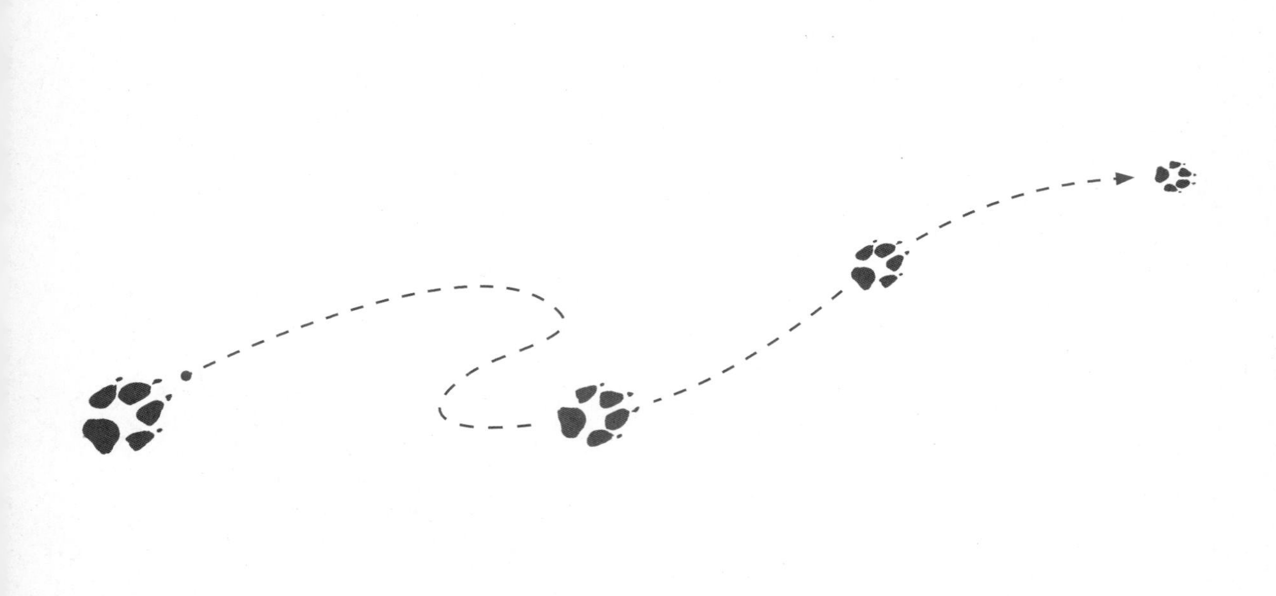

智者北极狐

北极狐的故事

美丽公主

太阳升起来了。北极白雪皑皑，辽阔的雪原上，空旷而又宁静。阳光照在雪原上，闪烁着一片银色的光点，好像满地的钻石在晒太阳、睡懒觉。

太阳公公起床了，可是雪原上的雪地精灵北极狐，这个美丽的公主，却还在睡懒觉，丝毫没有想起床的意思。以前在家跟着妈妈生活时，妈妈每天出去都会带旅鼠、小鸟，还有鸟蛋什么的回来，她和弟弟妹妹们大吃一顿，然后倒头就睡，要不然就是互相追逐玩耍……可现在不行了，美丽公主长大了，离开了家，开始了自己的生活。

太阳公公看美丽公主还在睡懒觉，就喊她："起床了，小懒虫！"美丽公主睁开眼，看了一眼高高挂在天上的太阳公公，没有动，又闭上了眼睛。太阳公公又说："睡懒觉的孩子是要饿肚子的。'一年之计在于春，一天之计在于晨。’要是天天睡懒觉，将来是不会有大作为的，也会被别人看不起的。”美丽公主听了太阳公公的话，肚子有了反应，咕咕叫了起来。昨天，美丽公主出去找食物，只捡到了一只冻僵的死鸟。她没有吃饱，现在饿得有些难受了。美丽公主抬起头，伸了伸懒腰，翘了翘尾巴，吐出舌头，眯眼朝太阳公公不好意思地笑了笑。

美丽公主终于起床了。她来到了海水边，看了看自己。海水很蓝，在阳光下就像一面镜子。镜子里的自己体形娇小而肥胖，一身白色的绒毛，只有鼻尖是黑色的。尾巴很长，特别蓬松，拖在地上，就像一支很粗的大毛笔。两只眼睛很亮，嘴短，耳小，还是圆形的。她抬起脚，脚底上长着长毛，脚底下也长着长毛，这些都是为了防止在冰雪地上行走时打滑。她看了看自己的腿，腿很短。虽然短，但她跑得却很快，猎狗都追不上。看着看着，她心里骄傲起来，有点儿洋洋得意。她始终觉得自己是小巧玲珑型的尤物，要不然人类为什么会喊她“雪地精灵”呢？

美丽公主照完镜子，就开始寻找起食物来。她心里明白，容貌再好，也不能当饭吃。要是不寻找食物，就要饿肚子。饿肚子的滋味可不好受，懒觉都睡不成。她沿着海边四处眺望，望着望着，就望到了一头北极熊。她吓了一跳，都不敢动了。美丽公主趴在雪地上，仔细观察着北极熊在干什么、是否发现了自己。要是北极熊发现了她，那可就危险了，估计连小命都很难保得住。

不过北极熊显然没有发现美丽公主，因为他正在吃大餐呢。北极熊捉到了一只海豹，正对着美食狼吞虎咽呢，根本就没有发现附近的美丽公主。一顿狂吃大嚼之后，北极熊吃饱了，抹了一下嘴，直起腰，双手拍了拍鼓鼓的肚子，满足地哼着小调，扭着肥大的屁股走了。

美丽公主见北极熊走远了，才敢起身往前走。刚开始的时候，她

的脚步很缓慢，甚至有些蹑手蹑脚，唯恐被北极熊发现。当她发现没有危险时，就加快了脚步，一个飞跃，就像一道白色的闪电，瞬间就来到了北极熊刚才吃大餐的地方。太好了，北极熊挺够哥们儿义气的，还留下了一些骨头碎肉。虽然不够吃，但至少可以垫垫肚子。美丽公主可不像北极熊，吃东西那么不文明、那么不优雅。美丽公主是个优雅的姑娘，吃东西很文雅。她慢慢地吃，细嚼慢咽，品尝着海豹的香味。但是，东西实在是太少了，肚子刚有点儿感觉，肉和骨头就没有了。她有些怨恨北极熊，刚想骂人，但话到嘴边又咽了回去。妈妈曾经教育她和弟弟妹妹们：骂人是不文明的行为。

美丽公主没有填饱肚子，便又来到海水边继续寻找食物。海水倒映出她的脸，她吓了一跳。刚才吃东西，把脸都弄脏了，满脸都是血迹，她成了一个大花脸，真难看呀。

美丽公主特别爱美，绝不允许自己身上有一点儿污迹。当她看到海水镜子里自己那雪白的身子、血红的脸时，顿时觉得好羞呀！她决定马上洗脸，洗掉那些脏东西。

美丽公主不像我们人类那样用双手和水去洗脸。她洗脸不用手也不用水，而是用雪。美丽公主洗脸时就趴在地上，把头插进雪里向前拱，一下又一下，靠雪和毛之间的摩擦，不一会儿，美丽公主就把脸上的血迹全洗掉了。洗完脸的美丽公主用海水镜子照了照，心里又美起来，因为现在自己又是通体雪白雪白的了，还是那么漂亮，那么可爱。

突然，雪原上传来“咯吱咯吱”的巨大声音。美丽公主扭过头，看到阳光下很远的地方有一个黑影走过来，旁边还有一个小黑影在跳跃——是猎人和猎犬。听妈妈说，猎人经常来捕捉北极狐，拿北极狐的皮去卖钱。如果遇到猎人，一定要躲起来，千万不要被他们捉了去。

美丽公主很害怕，赶忙扒拉雪，把自己的身体藏了起来，只露出个脑袋，两只眼睛紧紧地盯着前方，警惕地望着越来越近的一高一低的两个黑影——猎人和猎犬。

猎人没有发现美丽公主，停下脚步，蹲在那里埋设铁夹子，布下抓捕北极狐的陷阱。猎犬则很机敏，似乎闻到了美丽公主的香味，一路小跑朝美丽公主奔来。

美丽公主感觉到了凶险，心里有些紧张，不知如何是好。她四处张望，希望有援兵来救自己。可是，茫茫雪原上，只有猎人和猎犬……

怎么办？美丽公主身上急出汗了。她不能坐以待毙，必须逃跑！

想到这里，美丽公主猛地跃出雪窝，疾步朝河面结冰的地方跑去。妈妈告诉过她，遇到危险一定要多动脑子，用智慧保护自己。美丽公主身体小巧灵活，奔跑的速度极快。冬季的河面结了薄冰，美丽公主跑在上面，就像射出的利箭。猎犬跟在后面，由于冰很滑，几次差点儿摔倒。美丽公主看猎犬那

歪歪扭扭的样子，觉得很可爱，干脆放弃逃跑，站在那里看猎犬的笑话。看了一会儿，她心里便有了主意。她要让猎犬尝尝自己的厉害。等猎犬快追上自己的时候，她故意慢慢地在冰上走，将猎犬引到了冰层最薄的地方。猎犬不知道是陷阱，看到美丽公主脚步变慢了，还以为她累了，于是激动起来，加快了脚步猛冲过来。当猎犬意识到上当的时候，已经晚了，他收不住自己急促的脚步，就像一块石头一样被惯性扔进了水里。美丽公主看到自己的目的达到了，高兴得跳了起来。远处的猎人看到了这一切，急忙奔了过来。美丽公主一看猎人追来了，只好丢下落水的猎犬逃跑了。

美丽公主跑到猎人布设铁夹子的地方，撒了泡尿，算是做了个记号，就跑远了。她知道，要是弟弟妹妹来了，闻到这个味道，就不会上当受骗了。

美丽公主跑了很远，确定猎人和猎犬追不上来后，她才放心停下了脚步。这时候，肚子又饿得叫起来。刚才的战斗耗费了她大量的体力，她现在急需补充食物。她四处寻望起来。太好了，她看到了一只旅鼠。旅鼠也看到了她，非常惊恐，急忙钻进了雪洞里。美丽公主学着妈妈抓旅鼠时的样子，来到旅鼠的洞穴前，仔细观察了一番，然后迅速挖雪下面的旅鼠窝。挖了一会儿，美丽公主突然高高跳起，借着跃起的力量，用腿将雪做的鼠窝压塌。塌陷的旅鼠窝里传出了哭喊声。美丽公主高兴极了，不慌不忙地扒开雪窝，露出一只旅鼠，美丽公主就吃一只。一窝旅鼠很快就被美丽公主吃完了，总算填饱了肚子。

日子一天天过去，美丽公主一天天长大，捕获食物的本领也越来越强，而且更加巧妙了。碰上刺猬，美丽公主便会把蜷缩成一团的刺猬拖到水里。刺猬见了水，立刻展开了身体，美丽公主趁势一下子咬住刺猬的头，把刺猬给吃了。看到河里有野鸭，美丽公主便会故意抛些草在水上，迷惑野鸭。当野鸭习以为常后，美丽公主就偷偷衔着大把枯草作掩护，潜下水伺机等候，没有戒备心的野鸭子一游过来便成了美丽公主的美餐。

北极狐与人类

北极狐是挪威斯瓦尔巴群岛上仅有的四类哺乳动物之一，十分稀有。在北极圈附近的拉普兰地区，到处流传着关于北极狐和北极光的传说。在当地土著萨米人古老的故事里，这些北极狐用它们像刷子一样的尾巴来鞭打雪地，摩擦出来的白光冲向天空，形成漂亮的极光。

在萨米人的心目中，北极狐是非常忙碌的。与高大的北极熊、凶猛的北极狼相比，北极狐要可爱得多。这种身形小巧且毛茸茸的生物，天生就是萌物，令人十分想将它带回家做宠物。虽然北极狐和北极熊、

北极狼并称“北极三霸”，但北极狐可没有一点儿霸主的样子，反倒像是冰原上出没的精灵，随时都会大显神通。电影《画皮》里的狐妖真身就是一只北极狐，因为别的品种的狐狸都没有北极狐这样妩媚。但就是因为皮毛太美，北极狐险些遭受灭族之灾。

都是皮毛惹的祸

北极狐的毛皮具有非常好的保暖性能，除了又密又短的紧身绒毛之外，还裹着一层长长的针毛，而且每一根针毛都是中空的，能完全隔绝冷空气！越往北，狐皮的毛质越好，毛越柔软，价值越高，因此，北极狐就成了人们争相猎捕的目标。在北极圈内小镇巴罗的商店里，一张狐皮标价竟然达到了 100 美元至 300 美元。

北极狐的毛皮一直都是昂贵的奢侈品。在挪威斯瓦尔巴群岛上曾经到处都是拿着猎枪的欧洲人，他们猎捕北极熊和北极狐，然后再把熊皮和狐皮高价卖掉。由于过度捕猎，北极狐在20世纪初的北欧几乎绝迹。如今，这种滥杀极地动物的现象已不复存在，但在斯瓦尔巴博物馆里至今还陈列着雪白的北极狐披肩，时刻提醒着人们这段血腥历史的存在。

北极狐的好奇心

和其他品种的狐狸一样，北极狐有着浓重的好奇心。位于挪威斯瓦尔巴群岛上的新奥勒松镇，是地球上有人居住的最北社区，这里设有最重要的北极科学考察基地，常年有科学家在这里从事北极研究。由于环境和动物保护工作做得很到位，这里的北极狐对人类并没有恐惧感，不会一见到人就跑得远远的。北极狐还时常会对新来的人进行一番考察，窥视他们的生活，满足自己的好奇心。新来的人对北极狐的出没难免会有些惊讶，往往需要过上一段时间才能适应。

救救北极狐

1928年，瑞典立法保护北极狐，挪威在两年后也出台了相关法规。1998年，瑞典、芬兰、挪威合作的北极狐保护项目启动，在三国的共同努力下，已经成功地使北极狐的

数量增长了一倍。然而，到 2008 年为止，瑞典只观察到 140 只北极狐，全北欧地区也只有 215 只。现在，全球变暖又加剧了北极狐的生存危机。瑞典世界自然基金会（原名“世界野生生物基金会”，1986 年改为现名）的专家指出，如果不能有效地减少温室气体排放，北极狐和其他一些野生动植物赖以生存的瑞典苔原带将成为回忆。

事件　遭遇北极狐

随着保护野生动物意识的提高，北极狐也受到了我国人民的重视。2012 年春天，在吉林市金珠收费站北 200 米处，突然出现一只受伤的狐狸。围观的市民立刻报警寻求帮助。接到报警后，辖区民警立即赶到现场。

此时，受伤的狐狸因腿伤，未能跑远，但已受惊，便做出要攻击的姿势，随时打算扑向人群。民警研究了救助方案，既要确保市民不受到伤害，同时还不能伤到狐狸。民警找来两根木棍，用两根木棍交叉稳住狐狸的头部，使其无法动弹，然后，迅速将狐狸装进口袋，送至吉林市江南公园。公园里的动物饲养员对其进行初步检查后，确认受伤的狐狸是一只人工饲养的北极狐，年龄在两岁左右。其两条后腿都有不同程度的骨折，其中右后腿伤势较重。随后这只受伤的北极狐被安置在公园内，接受进一步的治疗。

谁是北极狐

北极狐又被称为白狐、雪狐，是雪地里最敏捷的动物，12 万年前的地球上就出现了它们美丽的身影。这种狐主要生活在亚欧大陆北部和北美大陆北部的苔原地带，那里靠近北冰洋，−50℃是很平常的温度，所以要想在这么冷的地方生活下去，没点儿看家本领可不行。

☞北极狐长了一身厚厚的能隔绝冷空气的皮毛，小小的身材降低了它们在寒冷严酷环境中的热量损失；北极狐的每条腿上都有复杂的血脉和毛细血管，可以帮助它们保持顺畅的血液流通，为脚部提供最大的热能；大而蓬松的尾巴就像一张温暖的毯子，能将北极狐严严实实地包裹起来，再大的狂风也奈何不得它。

北极的冬季，即使是在陆地上也会刮起 9 级大风，在狂风肆虐的雪地里，北极狐会将身体蜷缩成球状，用尾巴将身体盖住，只露出黑漆漆的眼睛。

☞北极狐个头小，捕食猎物需要靠技巧，无法像北极熊或者北极狼那样明目张胆地狂追直击。它们必须巧妙伪装，不让猎物发现。另一方面，北极狐还得躲着北极熊，因为饿极了的北极熊偶尔也会拿北极狐开荤。北极狐皮毛的颜色随着季节变化，始终和环境融为一体。

夏天，冰雪消融，黑色的泥土和褐色的石头全都显露出来，这时候北极狐的毛色便会呈现出和平原、草地、小丘相似的灰色或褐色；到了冬天，千里冰封，北极狐则换上比夏装厚两倍的白色冬装，和洁白的大地融为一体。这样，既方便北极狐捕猎，又能使北极狐躲避北极熊的侵害。

有些地方，比如丹麦的格陵兰岛，还生活着一种叫做天蓝狐的北极狐变种，它们的毛色一年四季均呈蓝灰色。因为当地冰雪较少，天蓝狐又主要在海岸和海边的丘陵地带活动，所以它们蓝灰的毛色恰好可以和蓝色的海水相衬。

☞北极狐吃的东西很杂，鸟、鸟蛋、兔子、贝壳甚至浆果都能吃。不过，北极狐最爱吃的还是旅鼠。遇到旅鼠时，北极狐会极其准确地跳起来，猛扑过去，将旅鼠按在地上，一口吞掉。最有意思的是，当北极狐闻到窝里旅鼠的气味和听到旅鼠的尖叫声时，还会迅速地挖掘位于雪下面的旅鼠窝，等到扒得差不多时，北极狐会突然高高跳起，借着跃起的力量，用腿将雪做的鼠窝压塌，将一窝旅鼠一网打尽，逐个吃掉它们。

旅鼠、北极狐构成了猎物与捕食者的生物链，过度捕猎北极狐就会造成旅鼠泛滥，进而对植物造成过度损害。大自然精准地控制着北极狐和旅鼠的数量，使这两个物种都可以健康地生存下去。旅鼠大量死亡的低峰年，正是北极狐数量高峰年，为了生计，北极狐开始远走他乡。这时候，狐群就会莫名其妙地流行起一种“疯舞病”，患病的北极狐会变得异常激动和兴奋，往往控制不住自己，到处乱闯乱撞，甚至进攻过路的狗和狼，不过，患病的北极狐大多在第一年冬季就死掉了。

☞北极狐和它们的同类比起来，模样更可爱娇小，尤其是脚，很像兔子脚，因此还有个名字，叫“兔脚狐”。其实，北极狐的脚看上去并不像野兔的脚，只不过是因为北极狐的脚被长毛包裹起来了，这些长毛可以使它们在冰上行走时来去自如、不易滑倒……可是，误会已经造成了，在拉丁文中，北极狐学名的意思就是“有野兔脚的狐狸”。

☞北极熊和北极狼在家居生活方面，可远比不上北极狐精致。北极狐喜欢把家安置在向阳的丘陵下，既温暖又舒适，可以长期居住。北极狐的家相对于它们娇小的身体来说很宽敞，还设有好几个门。这样，当一个门遭到袭击时，北极狐还可以从其他门溜掉。北极狐很爱惜自己的家，每年都要维修和扩建，尤其是储藏室。北极狐可是个目光长远的家伙，当储藏空间多的时候，它们会尽可能多地打猎，把储藏室塞得满满的。

曾有人在北极狐的储藏室中发现了50只旅鼠和30多只小海鹦，这些动物都按照一定的次序整齐地排列着，且尾巴都朝着一个方向。低温干燥的极地气候，是个天然的大冰箱，北极狐完全不用担心食物会变质。如果来不及把食物带回家，北极狐便会就地藏好，撒泡尿做标记。等冬天到了，大地到处都是厚厚的积雪，北极狐则会循着自己的尿味，准确地找到储藏地。如果所有的存粮都吃光了，北极狐就会跟踪北极熊，设法从北极熊吃剩的动物残骸上找点儿肉屑。所以北极熊身后总会有两三只北极狐悄悄地跟随。

☞北极狐机敏而充满智慧，很容易适应环境。生活在美国阿拉斯加普拉德霍湾油田附近的北极狐生活习性已经发生了改变。以往的冬季，它们通常会去海岸边，在海冰上尾随北极熊，吃它们剩下的食物。但现在，冬季它们也会留在油田附近，因为在那里它们很容易找到死于交通事故的动物尸体或直接以垃圾为食。

北极狐还会偷蛋。每年夏天来临，成群的海雀便会从南方辗转迁徙而来，在北极筑巢产卵。为了躲避敌害，海雀一般会把巢穴筑在

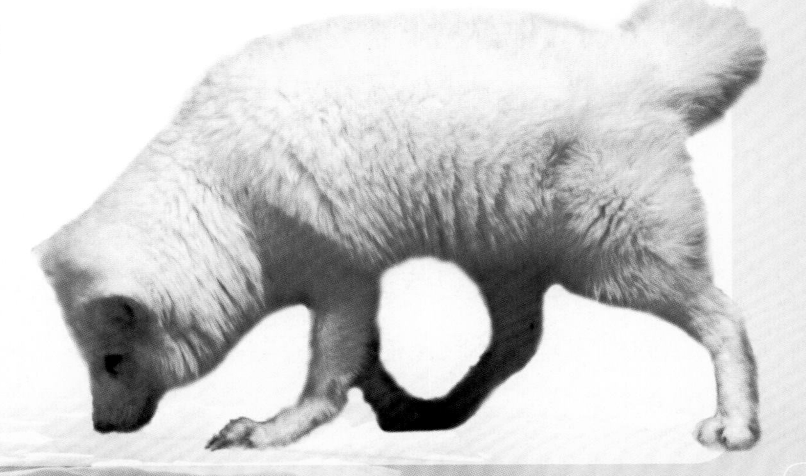

峭壁中间，但这根本无法躲避北极狐。北极狐整天在鸟巢附近徘徊，耐心等待。只要海雀稍有大意，它们便毫不犹豫地出手，将海雀蛋一只只叼走。有时候，北极狐还会“顺手牵鸟”——捕捉海雀的幼鸟，把它们当作自己孩子的食物或磨炼孩子捕杀技巧的工具。

☞北极狐都知道，跟着北极熊有肉吃。因为北极熊吃得比较挑剔，除非特别饥饿，一般情况下北极熊捕到海豹后只吃它的脂肪，骨头、内脏和肌肉等等都会弃之不顾。

这正好便宜了跟着北极熊的北极狐。海豹肉质鲜美，营养价值又高，可以帮北极狐熬上好一阵子。

但是，天下没有免费的午餐，吃白食也是有风险的。北极熊要是一直都找不到海豹，也绝不介意拿跟班北极狐当开胃小菜。有时，北极熊会觉得北极狐离自己太近，有损王者的威严，便一巴掌将北极狐拍飞。可怜的北极狐只能冒着生命危险，小心翼翼地和“北极之王”保持着安全距离。幸运的是，北极狐忍饥挨饿的能力很强，即使几天或者几个星期不吃东西，也不会被饿死。

极地馆里的北极狐

善于长途旅行的北极狐被送到极地馆里，会不会不适应呢?

自然界中的北极狐虽然是个吃杂食的家伙，但主要还是吃旅鼠，而极地馆里没有可供其食用的旅鼠，只能给它们吃特制的饲料，加上多春鱼、牛肉等食物，以保证营养的均衡。自然界中的北极狐有藏食物的习惯，极地馆里的北极狐也保留了这种习惯，不过由于北极狐笼舍中的景观都是人工打造的，不便于藏匿食物，所以它们有时会将食物含在嘴里。

惬意的生活

生活在大连圣亚“极地世界”中的北极狐来自芬兰，是真正的极地物种。它们身披既长又软且厚的绒毛，即使气温降到 −45℃，它们仍然可以生活得很舒服。

北极狐胆子很小，比较怕人，它们不会主动攻击人类，但也很难和人类建立感情。北极狐也有等级制度，但是在吃饭问题上，生活在极地馆的北极狐不像北极狼那样不敢当着驯养师的面享用，驯养师每次喂北极狐时，它们都会一拥而上争抢食物。

别看北极狐平时总是活蹦乱跳的，但其实是名副其实的“睡不醒”。游客总能在白天的时候看到它们一个个将身体蜷成一团，呼呼大睡，有些还会用尾巴盖住自己的脸，不让别人看到它们睡觉的样子。一旦北极狐睡醒后，就会显现出爱玩爱闹的本色，游客们总能看到它们三三两两地互相打闹，落单的就会跳到“跑步机”上健身，开始还只是慢悠悠地散步，慢慢地，越跑越快，跑累了，它们就会自行跳下休息。这个“跑步机”可是大连圣亚特意为天性活泼的它们准备的，在极地馆里生活的北极狐运动量小，驯养师常常会以此督促它们加强锻炼。

五狐闹馆

在大连圣亚“极地世界”里生活着五只北极狐：老大“白鼻头”，老二“黄尾狐”，老三“歪脖”，老四“白雪公主”，老么“觉主”。在方寸之地，它们一改往日的凶性，而是以互相取闹为乐，经常上演地盘之争的有趣片段。

早上八点，五只小狐狸就睡醒了，精神抖擞、你争我抢地从卧室里跳出来，每天一次的地盘之争就要爆发了。老三“歪脖”歪着脑袋晃晃悠悠地走到沙发上，发现没有其他的狐狸，就想把沙发占为己有，于是就躺在那里，赖着不动了。这时老大“白鼻头”大摇大摆地走过来，到了“歪脖”面前，用恶狠狠的眼光盯着它，但是“歪脖”根本不理它，继续躺在那儿一动不动。这可把老大给气坏了，猛地向“歪脖”扑去，对着脖子就是一口，“歪脖”也不示弱，反向老大咬去。但是它那小体格怎么是老大的对手呢，经过两次的互咬，“歪脖”终于坚持不住了，夹着尾巴跑走了。这时老大很是自豪地坐在沙发上，然后在上面拉了一运动减肥中……

堆粪，作为自己“地盘”的标志。“歪脖”只得重新寻找新的“领地”，它四处游荡，很快便发现了一个不错的地方——书架，三跳两跳就跳到了书架上，心里想，这回可没人和我抢了，终于有自己的地盘了。

第三个出场的是“黄尾狐”，也是这里最聪明、最善于开动脑筋、最喜欢运动的家伙，所以它一出来发现“跑步机”空着，就跳了上去，慢慢地试探着玩耍。刚开始时只是一步一步地走，后来就越来越快了，渐渐地，开始快跑，最后甚至飞奔起来，就连转笼也随着它一起飞快地转起来。不知不觉转了半天，“黄尾狐”有些累了，便开始减慢速度，“跑步机”也随着慢慢停了下来，这时你再看它一改刚才运动健将的样子，坐在“跑步机”的转笼上，大喘着气、吐着舌头，不一会儿就趴在转笼上睡了起来。

第四个出场的是“白雪公主”，它身上披着一件雪白的大衣，是这里最受游客喜爱的“宝贝”，所以它的地盘比较大，想去哪儿就去哪儿。而且，它还总爱在另外几位面前展现自己的高贵。

最后出场的是“觉主”，它是一只不爱动也不会打架、非常胆小的狐狸，老是静静地躲在一个墙脚里睡觉。

你看它们都有各自的地盘，假如有谁过来抢地盘，它们便会拼命保护自己的地盘，直到输给对方为止，这就是所谓的“胜者为王，败者为寇”。

心理测试

危险面前你会怎样？

如果你没有看过《纳尼亚传奇 1》，也没有读过《309 密室》，那么闭上眼睛，想象一下，你自己家的衣橱里藏着通往另一个奇妙世界的大门……

1

你轻轻打开衣橱，发现本来应该是坚硬木板的地方，竟然什么也摸不到！你决定走进去，看看对面有些什么。当你穿过一小段黑漆漆的通道，面前霍然出现一片白色的冰雪世界。这时，你会做出怎样的决定？

A 继续向前走，一定要探个究竟。（请从 3 开始阅读）

B 先退回去，多做一些准备再进行探险。（请从 2 开始阅读）

2

你认为，要做一次探险需要准备很多东西，不过手头目前可以选择的物品实在很有限，除了必要的几样东西（比如手电筒、饼干和指南针）之外，只能再装进一样物品：一把能打穿木板的玩具枪，或者是一包连动物都会喜欢的美味糖果。你觉得哪样东西更重要？

A 玩具枪。（请从 3 开始阅读）

B 糖果。（请从 5 开始阅读）

3

翻过几座小冰坡，前方出现了一个庞大的身影——一头巨大的北极熊，它正在追赶一只白色的北极狐，北极狐吓得瑟瑟发抖，突然一甩尾巴，转身朝你的方向跑来。你可以选择躲起来，也可以尝试救它。那么，到底你会怎么做？

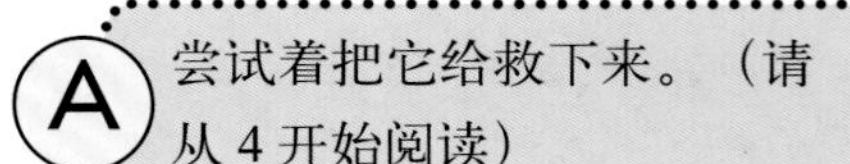

A 尝试着把它给救下来。（请从 4 开始阅读）

B 算了，没必要去冒这么大的风险。（请从 5 开始阅读）

4

北极狐躲到了你身后，而北极熊依然不肯罢休，怒气冲冲地瞪着你。你犹豫着，究竟是该用武力对付它，还是该用食物安抚它？

A 先给它一枪再说，胸口、眼睛和嘴巴都是它的弱点。(请看结果壹)

B 对了！我有饼干和糖果，可以试着用食物把它给引开。（请看结果叁）

5

你远远地离开了北极熊的地盘，又遇到了一群可爱的小企鹅，它们姿态滑稽地围着你转圈。要不要把糖果和饼干分给它们吃呢？

A 实在太可爱了，所以把剩下的食物都给了它们。（请看结果肆）

B 不能给！北极熊和企鹅怎么可能出现在同一个地方？绝对有问题！（请看结果贰）

在危险面前，你究竟表现得怎么样？快来看看结果吧！

壹 你是个勇敢的莽撞鬼。既有足够的勇气挑战危险，也有足够的勇气在课堂上捣乱。有些人会因此非常喜欢你，但肯定也有一些同学或老师，对你意见不小。

贰 你是个狡猾的聪明人。自保能力相当强，只是稍微有点儿自私。你不会轻易相信陌生人，却懂得如何保存实力和取得最大的优势。

叁 你是个大胆的策略家。你很有胆量，但却不是有勇无谋的家伙，遇到危机时，你会想办法选一条看起来最好走的路。不过有时可能会因为考虑太多而错过最佳行动时机。

肆 你是个善良的小笨蛋。不管表面看起来如何，你确实有一颗善良柔软的心，容易被打动，也容易被欺骗。你可能需要一点儿胆量和冲劲儿，最好再来点儿机灵。

绅士企鹅

企鹅的故事

帝企鹅晴晴诞生记

在地球的最南端，有一片南极大陆。这里十分寒冷，-20℃都不算什么，气温经常能降到零下五六十摄氏度，是世界上最冷的地方。

因为寒冷，这里是一片白色的荒漠，覆盖着厚厚的冰雪，基本上看不见绿色植物。晴晴就出生在这样的地方。

晴晴是一只帝企鹅，他有十几个企鹅亲戚，有些住在非洲，更多的则和晴晴一样，居住在这片寒冷的地方。帝企鹅是一种个头比较大的企鹅，晴晴爸爸的身高就有 1 米，体重也有 30 公斤。然而，晴晴现在还很小，确切地说，他才刚刚钻出企鹅蛋，在蛋壳里他已经待了 60 多天了，今天是他破壳而出的日子。

和其他帝企鹅一样，晴晴的爸爸妈妈只产了一枚卵，而且是在气温最低的严冬产下的。之所以在冬天产卵，主要是为了晴晴在长大变得能吃的时候，正好是南极温暖的夏季，这样食物就会很充足了。

晴晴用力啄着蛋壳，他已经啄了整整一天了，没有人能够帮他，这是晴晴来到这个世界第一次为了生存而努力，而在以后，这种努力将伴随他的一生。

终于，晴晴将蛋壳啄开了一个小洞，小小的、尖尖的、硬硬的喙从小洞中探出，他深深地吸了口气。呵，好爽啊！

已经啄开了一个小洞，剩下的就好办多了，晴晴一鼓作气，又使劲儿用喙敲了几下，“咔咔咔”蛋壳终于完全破开了。小企鹅晴晴终于真正地和这个世界见面了。

可是，为什么天是黑的呢？难道晴晴出生在晚上吗？原来，南极在冬天，会有“极夜”的现象，就是太阳很长时间都不会升起，连续几个月都是黑夜。

晴晴刚刚破壳而出，个头小小的，浑身都是灰白色的绒毛，这种绒毛细细地立起来，显得特别可爱，但却不是很暖和。

晴晴又冷又怕，爸爸却很开心地将他护在窝里。妈妈产蛋之前，

爸爸就已经用小石子在地面上围成一个窝的形状，并在里面铺上卵石，给晴晴筑了个巢，这样就可以防止企鹅蛋滚来滚去碰坏了。南极大陆被厚厚的冰雪覆盖着，裸露的地面很少，所以这些小石子和卵石都是爸爸费了好大的劲儿才找来的。

帝企鹅是一夫一妻制，爸爸很爱妈妈。妈妈产下蛋后，便会立即去 100 多公里外的海里觅食，而爸爸则会自己待在原地孵化晴晴。这期间，爸爸不会进食，和其他帝企鹅爸爸互相依偎在一起，把蛋放在脚面上，用大大的“将军肚”盖起来，静静地孵化着。等到晴晴破壳而出，爸爸饿得仅剩 20 公斤了。

晴晴一出壳就饿了，正好赶上妈妈觅食回来，晴晴便叽叽喳喳地向妈妈撒娇。妈妈把晴晴放在自己的脚面上，嘴张得大大的。晴晴将嘴伸进妈妈的嘴里，取食妈妈吃的鱼虾贝壳，这些食物在妈妈的肚子里已经被消化成了液体，很好吸收，对于像晴晴这样刚刚出生的小企鹅宝宝来说，真是再好不过的美食大餐了。

帝企鹅喜欢群居，晴晴家周围密密麻麻的都是帝企鹅，至少有上万只。每个家庭的宝宝差不多都是这几天出生，除了晴晴，还有天天、闹闹、欢欢等好多个小企鹅，现在都是嗷嗷待哺，所以十分热闹。虽然企鹅宝宝长得都很像，但是每个企鹅爸爸妈妈都不会搞错自己的孩子。

这天，一阵凄惨的叫声突然响起，大家循声看去——原来是和晴晴同一天出生的闹闹发出的声音。

“怎么回事？”大家议论纷纷。原来，闹闹的妈妈在觅食的时候被海豹吃了。

为了抵御南极的严寒，帝企鹅身上都有厚厚的脂肪层，可以让他们在寒冷的空气和冰冷的海水里保持体温。但是，正因如此，帝企鹅才成了海豹垂涎的美食，也给闹闹的妈妈带来了灭顶之灾。

闹闹的妈妈在海里觅食时，没有看到潜伏在附近水下的海豹，海豹一跃而起，瞬时就凶残地咬住了她的脖子，红色的鲜血在海水里足足漫延了 100 多米。

可闹闹在家里还不知道这些，看到其他企鹅妈妈纷纷回来给幼崽

喂食，闹闹只能饿着肚子等着。后来，闹闹的爸爸不得不留下闹闹一个人，自己去海边觅食了，如果再等下去，他自己也会被饿死。

没有父母提供的食物、温暖和照顾，闹闹基本上已经被宣判了死刑。可怜的闹闹在家附近疯狂地叫着："爸爸、妈妈，我好饿，我好冷，我好怕。你们在哪儿啊？"可是没人回答。

晴晴的妈妈看不下去了，张开嘴，让闹闹从她嘴里吃一点儿食物。其他几家邻居的企鹅爸爸妈妈也纷纷效仿，但是谁都不能给得太多，因为食物很珍贵，每家都有胃口越来越大的企鹅宝宝。

在南极黑暗寒冷的严冬，长着细绒毛的闹闹终于熬不过去了，没过几天，他就死了。海鸟们发现了他的尸体，纷纷落下，围在一起，享受着美食。

看到这些，晴晴很害怕。幸运的是，晴晴的爸爸妈妈运气很好，每次都能带回来美味的食物。渐渐地，晴晴长大了，个头快赶上爸爸妈妈了，但是因为身上灰白色的细绒毛不能防水，所以他还是不能下海捕食。每天只能不劳而获地吃着爸爸妈妈带回来的食物，晴晴自己都不好意思了。但是妈妈却总是笑眯眯地对他说："不急，我们的晴晴就快长大了。"

终于，在五个半月的时候，晴晴开始换毛了。他褪去了一身灰白色的细绒毛，换上了帅气的黑色晚礼服——头部、背后、翅膀都是黑色的，胸前肚子是白色的，这身打扮看上去分外精神。以后每年，晴晴都要换一次毛，因为这样可以保证他以绝佳的状态去迎接大自然的各种挑战。晴晴迫不及待地跟着爸爸妈妈去海边，开始他的第一次觅食行动。

爸爸在前面带路，回头问晴晴：“冷吗？”

晴晴信心满满地回答：“不冷，一点儿都不冷！”

企鹅可以说是最不怕冷的鸟类。企鹅的全身羽毛密布，并且皮下有厚厚的脂肪，这种特殊的保温设备使其即便在 −60℃的冰天雪地中，仍然能够自在生活。晴晴被爸爸妈妈养得壮壮的，并且换上了光鲜、防水又暖和的羽毛，自然是不怕冷的了。

企鹅的腿很短，走在陆地上一摇一摆的，需要靠翅膀和尾巴维持平衡，所以总是走得很慢，看起来笨笨的。但是，企鹅进到海水里，却

不得不让人刮目相看。

企鹅虽然是鸟类，却不会飞。你知道企鹅有一个不同寻常的绰号吗？告诉你吧，这个绰号就是“长着毛的鱼”。企鹅有一半的时间生活在水下世界里，甚至连翅膀也长得像鳍；脚趾间连有脚蹼，在水中显得动力十足；两腿很短，走起路来摇摇晃晃的，还很慢，但是用肚子滑行的速度却很快；身上的羽毛（是第一次换毛后的）可防水，整个身体就像是被厚厚的鳞片包裹着。

当晴晴第一次站在海岸边的岩礁上，海风强劲地吹着他的晚礼服，他一点儿也不害怕，体内的基因召唤着他回归到广袤的大海里——他对大海如此熟悉，就像刚刚从那里回来一样。

只听“噔——”的一声，晴晴一个干净利落的鱼跃，在空中划过一条优美的弧线，俯身跳入海水中，就像一名优秀的跳水运动员。

虽然是第一次游泳，但是晴晴游的速度却十分惊人，时速可达到 20 多公里，比万吨巨轮的速度还要快。在水中，他就像是空中的燕子，灵活无比，一会儿直直向下俯冲，一会儿突然来个漂亮的急转弯，一会儿又直冲向上跳出水面，真是太精彩了。

晴晴一口气在水下游了 20 多分钟，出来时已经享受了一顿美食：几只南极磷虾和一只倒霉的乌贼。晴晴胃口很大，他一天要吃 700 多克食物。等到他再长大点儿，技术再熟练点儿，就能像爸爸妈妈那样——一次潜泳可以捕获 6 条鲜活的小鱼，真是了不起！

爸爸妈妈很欣慰晴晴的成长，在未来的一段时间里，他们会抓紧时间更加认真地教晴晴捕猎技巧和生存法则。而在这之后，晴晴将离开他们，寻找自己心仪的母帝企鹅，组建一个像爸爸妈妈一样幸福美满的家庭，生育自己的小帝企鹅宝宝，开始新的生活。

让我们祝福帝企鹅晴晴吧。

企鹅与人类

企鹅天生就是人类的宠儿，黑色后背与白色肚皮的搭配让它们看上去就像是内穿雪白衬衫外套燕尾礼服的绅士。装束虽然温文尔雅，但企鹅走起路来东张西望、摇摇摆摆，还迈着小碎步，样子滑稽而又可爱。

发现企鹅

企鹅身体肥胖，原名就叫“肥胖的鸟”，但是因为它们经常在岸边伸长脖子远眺，好像在企望着什么，所以人们便把这种肥胖的鸟叫做企鹅。

最早发现企鹅的是历史学家皮加菲塔。1520 年他跟随麦哲伦的船队在巴塔哥尼亚海岸遇到大群企鹅，当时他们称企鹅为“不认识的鹅”。

1620 年，一位法国船长在非洲南端首度惊见潜游捕

食的企鹅，大吃一惊，这是他有生以来第一次看到这么奇怪的生物，于是便称它为“有羽毛的鱼”。

有意思的是，早期人们见到的企鹅，多数生活在南温带，因为那时候还没有人去南极探险。直到 18 世纪末期，科学家才定出了 6 种企鹅的名字。而发现真正生活在南极冰原的种类是 19 世纪和 20 世纪的事情了。

1844 年，生物学家才给王企鹅定名；1953 年，生物学家命名了响弦角企鹅，这才算是把企鹅家族的家谱列全了。

企鹅无赖

走路摇摇晃晃的企鹅十分惹人喜爱，它们是动画片中的宠儿，海洋馆中的明星。但企鹅也有无赖的一面。南非西开普省贝蒂港的一群斑嘴环企鹅就曾翻过破损的篱笆闯入了隔壁的居民区，这群企鹅不但整夜高歌，发出驴叫一般的声音，还在人们的花园里随地大小便，搞得臭气熏天。不过，居民们表示，他们并不恨这些企鹅，只是希望篱笆能早点儿修好，让它们尽快回到保护区去。

澳大利亚墨尔本东南部的菲利浦岛设置了一个观光区，游客可在夜间观察小蓝企鹅。该区设置了足够的照明设备让游客能看清楚企鹅的行动，但不能摄影，因此区内的企鹅不会受到游客的骚扰。这个观光区每年因此能吸引到的50万名游客，全是对企鹅充满好奇的人。

企鹅标志

找找你身边有没有企鹅标志的东西？

QQ 的标志就是一只企鹅。作为最重要的即时通信软件之一，QQ 的注册人数已经过了 7 亿，比世界上大多数国家的人口都要多。

Linux 操作系统创始人林纳斯·托瓦兹曾在澳大利亚度假时被一只小蓝企鹅咬伤。据说这一遭遇令托瓦兹终生难忘，于是他选择企鹅作为 Linux 的官方标志和吉祥物。

小蓝企鹅 Penny 是 2007 年国际游泳联合会（FINA）在澳大利亚维多利亚州墨尔本市主办的世界游泳锦标赛的吉祥物。

《帝企鹅日记》

在 19 世纪末 20 世纪初，为了获取帝企鹅身上的油脂，曾有大量帝企鹅遭到人类屠杀，其数量不断减少；到 20 世纪 20 年代前后，由于受公众舆论的强烈谴责，这种野蛮的屠杀才被迫停止。1964 年，南极条约协商国制定《保护南极动植物区系议定措施》之后，帝企鹅及其他许多南极物种受到了普遍保护。

2005 年，法国导演吕克·雅克拍摄了一部以帝企鹅的生存和繁衍为题材的纪录片《帝企鹅日记》，这是第一部全面详尽描写帝企鹅群迁徙繁衍的纪录长片，拍摄耗时 13 个月，拍摄条件极为艰苦，摄制组的工作人员必须每天早上五点半起床，每人背上 60 多公斤重的装备向雪原进发，时常会有冻伤和冻疮发生。他们必须抓住帝企鹅活动的最佳时机，并且要能在时速 150 公里的狂风中把稳摄影机。值得庆幸的是，他们遇到了一支庞大的帝企鹅群，数量竟多达 1,200 只。摄制组小心翼翼地跟随着帝企鹅大军，用超 16 毫米胶片拍摄出极富视觉震撼力的瑰丽画面，摄影师甚至跟随帝企鹅在冰水中游泳，用镜头捕捉到了前

所未有的美妙细节。

该片讲述的是在南极大陆上生活的帝企鹅生存和繁衍的故事。影片展示了帝企鹅这个滑稽、可爱而又坚强的物种怎样与严酷的自然环境和它们的天敌作斗争，怎样对企鹅宝宝倾注它们的爱，从而完成它们的生命延续之旅。

首映时，所有的观众都笑翻了。屏幕上一只只仿佛穿了黑色西装的帝企鹅，排成一条直线行走，寻找伴侣，互相取暖，躲避风雪，照顾企鹅宝宝，无论怎样苛刻的自然环境，它们都坚韧挺拔；它们节约能量，不仅可以根据周围环境调节自身体温，还会在极冻时刻利用集体的温度取暖降耗；它们清醒忍耐，风雪阻隔不了方向，绝食不会让身体颓败；它们的繁衍模式特立独行，配偶间分工周密，即使在最寒冷的季节一样可以孕育生命；它们有敏感的辨音能力，可以在嘈杂的同类叫声中轻松找到自己的家人；它们忠诚宽容，哺乳期绝对忠于对方，甚至为了孩子不再关心领地问题。帝企鹅的种种表现，简直就是地球上一切物种的楷模。

北极曾经有企鹅

现在的企鹅都生活在南半球，但考古学家曾经在北极地区找到过一种已经灭绝了的鸟类骨骼，与企鹅极其相似，研究者们称之为“大企鹅”。这种大企鹅身高约 60 厘米，与南极地区数量最多的阿德利企鹅的大小可谓不相上下。它们的头部呈棕色，背部的羽毛呈黑色，腹部雪白。大企鹅的骨骼结构显示，它们也有着笨拙摇摆的行走方式，而在海中也同样善于游泳，与现在的企鹅相差无几。欧洲的斯堪的纳维亚半岛、加拿大和俄罗斯北部的海滨地区，以及所有北极和亚北极的岛屿都曾经有大企鹅的踪迹，而且曾经的规模庞大到有百万只。但它们取食在海洋，繁殖在陆地，受海生和陆生捕食动物的双重威胁，而且防御能力很差，这使得它们在同后期发展起来的哺乳动物的生存竞争中惨败，成为哺乳动物的口中粮。幸存下来的大企鹅也仅限于少受捕食动物影响的海岸或孤岛上。然而，人类却无情地剥夺了它们在北半球最后的生存机会。

早期人类侵入北极地区时，大企鹅的平静生活就已经开始遭到一些破坏。到大约 1,000 年前，北欧海盗发现了这种大企鹅。他们还发现这种动物几乎全身都是宝，皮、肉、油脂对于人类来说都非常有用。最令海盗们兴奋的是，大企鹅对于人类没有任何的抵抗能力。于是，人类开始捕杀大企鹅。在距今三四百年的时候，欧洲曾掀起了一股到北极探险的热潮，人类在贪婪的欲望驱使下，对大企鹅进行狂捕滥杀。在格陵兰岛、伊丽莎白女王群岛等地的大企鹅被逼得无处安身，数量锐减，最终导致了大企鹅的“灭亡”。1844 年 6 月 2 日，北半球的最后两只大企鹅在爱尔兰海南部的一个小岛上被捕杀了。现在，除了偶尔发现的遗骨可供人类凭吊以外，在北极再也找不到大企鹅的踪影了。

目前，南极成了企鹅们的理想家园：南太平洋中寒暖交汇的洋流、海水中大量的食物和营养物质为企鹅生存提供了优越的条件，还有冰雪高原形成的天然屏障，阻断了动物向南迁移，使企鹅在这里很少受到捕食者的袭击。企鹅在这里最大的危机就是暴风雪。对于企鹅来说，南极已经成了它们最安全的生息之地。

谁是企鹅

直立行走的企鹅是一种鸟。但它们早已经不会飞行了。企鹅在陆地上的行走笨拙且缓慢，可它们在水里却是个游泳好手。关于企鹅，你可能还有很多不知道的。

☞企鹅是南极的象征。完全生活在极地的企鹅却只有帝企鹅和阿德利企鹅两种。其余 16 种企鹅分布在南半球各地，有几种企鹅还去了纬度较低的温带地区，加拉帕戈斯企鹅甚至在赤道附近生活，完全不怕热。

☞企鹅是地球上最不怕冷的鸟。南极是地球上最寒冷的地方，这里的最低温度是 −88.3℃。企鹅能在南极生存，靠的是又厚又密的羽毛。企鹅羽毛的尖端是弯弯的，像房顶上的瓦片一样一层压一层，连水都透不进去。在这层羽毛下面还生有密密的绒毛，就像是质量上好的羊毛衫。有了这么好的羽毛，企鹅仿佛穿了厚厚的羽绒大衣，既能防止海水浸透，又能抵御寒风的侵袭，不怕寒冷。另外，企鹅的身上还有 3 厘米左右厚的皮下脂肪，也能起到保温的作用。

☞虽然企鹅能够直立行走，但它们的确是鸟。企鹅有其他鸟类的共同特征：身上长有羽毛、尖而突出的坚硬的喙及有爪和鳞片的双脚。企鹅的翅膀演化为桨状，趾间还长了蹼，这样的身体结构让企鹅成为最善于游泳的鸟。

☞企鹅是游泳健将。企鹅用鳍肢作为推进器，游得很快。需要高速前进时，企鹅常常会跳出水面，每跳一次就能在空中前进 1 米或者更远。企鹅又宽又硬的翅膀可以像船桨一样划水，不过那可不是“荡桨”，而是像螺旋桨一样转动。驱动这“螺旋桨”的翅膀骨占了企鹅体重的四分之一。为了捕到可口的食物，企鹅还能憋一口气，长时间地深深潜入海水中。当然，企鹅的种类不同，潜水

本领也不一样，其中最厉害的还要算帝企鹅。帝企鹅能一口气憋18分钟，潜到265米深的海里抓鱼，称得上是鸟类中的潜水冠军。

☞企鹅行走的时候左右摇摆，很是笨拙。如果有小朋友像企鹅这么走路，估计会立刻有人送他去医院了。但是企鹅这样走路就很可爱。如果遇到捕猎者追捕，企鹅便会全身向前倒去，匍匐在地上，以腹部贴冰地滑行。

☞帝企鹅是现今已知体形最大的企鹅，成年帝企鹅能长到120厘米高，46公斤重，个头和人类的小学生差不多。

☞小蓝企鹅是现今已知体形最小的企鹅，只有40厘米高，还不到成年人的膝盖。这样袖珍的企鹅因为有一身蓝色的羽毛而格外玲珑可爱。小蓝企鹅生长在澳大利亚、新西兰，通常只在夜间活动，胆子非常小。

☞企鹅的食物都在海洋里，其中最主要的是磷虾。大型企鹅也吃鱼。企鹅属于群居性动物，群体消耗的食物量惊人，一天可超过几吨。像帝企鹅这样的群体出海捕猎一次就要好几个星期，成群捕食鱼、乌贼和甲壳动物。

☞企鹅在陆地上的主要敌人是大贼鸥，它们会伺机残害无保护的企鹅宝宝。不过，海洋中的危险则更多了，肥肥的企鹅可是海狮、海豹、虎鲸等的可口食物。尤其是海豹，最爱吃企鹅了。一只豹斑海豹一天最多可以吃15只阿德利企鹅！

极地馆里的企鹅

大连圣亚的“极地世界”为企鹅设立了南极企鹅岛。这里生活着两种南极企鹅，分别是王企鹅和白眉企鹅。要区分它们很容易。王企鹅身材高大，是世界上仅次于帝企鹅的第二大企鹅，身高近 1 米，嘴比较长，头部颈侧羽毛颜色比较鲜艳。王企鹅在陆地上站立时非常绅士，是南极企鹅中姿势最优雅、性情最温顺、外貌最漂亮的一种。

白眉企鹅眼睛上方有一道醒目的白毛，因像一条白色的眉毛而得名，学名是巴布亚企鹅，又叫金图企鹅。白眉企鹅是世界上体形第三大的企鹅，身高在 60 厘米至 80 厘米之间，比王企鹅要小一点儿。

白眉企鹅育子记

从北半球每年的 10 月份开始，白眉企鹅就进入了繁育期（因为南半球此时正处于春末夏初）。人工饲养条件下的白眉企鹅两岁就可以生企鹅宝宝了。雌雄白眉企鹅在繁育期尚未到来之前就会表现出比较亲密的行为，比如相互整理羽毛，一起抵御外敌，相互躬身等。

白眉企鹅与其他企鹅不同，白眉企鹅是在卵石上进行繁殖的。筑巢、占巢由雄性企鹅来完成，一旦找到满意的繁育位置，就不会轻易改变，除非被更强大的企鹅对手打败，才会放弃原巢穴，去寻找新的家园。人工饲养条件下，驯养师通常会为其选择大小适合的孵化槽，并挑选大小形状适中的卵石。因为在白眉企鹅的繁育过程中，卵石是必不可少的工具。白眉企鹅生活在常年冰雪覆盖的南极，卵石发挥了隔凉的重要作用。在自然条件下，卵石是很难找到的，雄企鹅常常会用树皮等其他东西代替，但拥有相当多数量的卵石还是吸引雌企鹅的重要条件。在人工饲养条件下，驯养员都会事先准备好孵化巢，然后铺满大小适中、光滑干净的卵石。由于卵石对成功孵化如此重要，所以在自然界，一向温文尔雅的白眉企鹅在孵化期间经常会为卵石行窃甚至大打出手。而在大连圣亚

的南极企鹅岛上，尽管驯养师提供的卵石数量足够多，但是在基因的驱使下，白眉企鹅夫妇还是会上演偷窃隔壁邻居家卵石的闹剧。

白眉企鹅每次产两枚卵，但不一定都能孵出小企鹅。孵化工作由雌雄企鹅轮流进行，孵化期大约为一个月。小企鹅会自己用嘴慢慢将蛋壳磨开，这个过程长达 30 小时至 40 个小时，很容易发生窒息等状况，所以驯养师会全天守候在孵化室，如果发现小企鹅破壳困难，就会及时救治。

企鹅属于晚成鸟，刚出生的小企鹅全身的绒毛既不能抵御严寒，也不防水，所以还需要在成年企鹅的身下取暖，靠父母反刍的食物过活。一个月左右，小企鹅就已经可以在巢边站立玩耍了。两个月左右，小企鹅会脱掉绒毛，换上防水耐寒的羽毛。等到三个月大的时候，小企鹅就可以独立生活了。经过繁育期的成年企鹅体重通常会减轻三分之一。

训练小企鹅

在自然界里，企鹅繁育时由雌雄企鹅轮流进行孵化，正在执行孵化任务的企鹅完全不进食。而在人工饲养条件下，驯养师则会根据情况给正在孵化的企鹅喂食，补充营养。

企鹅属于鸟类，所以智商没有哺乳类动物那么高，它们非常健忘，通常小企鹅与父母之间是通过叫声来进行联系的。在小企鹅两个月大小的时候，为了让小企鹅今后能够独立生活，驯养师往往会将它们与父母分开，大概一个月左右的时间，小企鹅与父母之间就会忘记彼此。健忘也是导致企鹅难以训练的原因之一，因为往往经过一个繁育季，企鹅就会将学过的动作忘记。

企鹅难以训练的第二个原因是从众心理很强。在大连圣亚的南极企鹅岛上，上百只企鹅生活在一起，驯养师不可能一一进行训练，但是如果只对一个小群体进行训练，那么它们就会有逆反心理，觉得别的企鹅不做的事情却要它们来做，表现出来的就是完全不配合。

在大家看来，似乎所有的企鹅长得都一个样，但是对于驯养师来说，它们都是不一样的。除了通过号牌来进行分辨外，驯养师还会根据企鹅的外貌、体形等来加以分辨。

企鹅彼此个性不同，有些企鹅比较活泼，表现在比较亲近人，当驯养师进入时，会围绕在驯养师的腿边跑来跑去，当驯养师要离开时，还会咬住驯养师的裤脚不放。有些企鹅则好奇心比较重，当有人拿着摄像机进入时，还会凑上前去面对着镜头不停地研究。

企鹅的胆子比较小，尤其是在繁育期，当有陌生人靠近时，它们通常会左顾右盼，保持警戒状态。同时，企鹅的领地意识也比较强，当有其他企鹅来犯时，雄性企鹅便会追出巢一路追打，不过被追打的企鹅一旦回到了自己的巢，那么企鹅就不再追打，随即也返回自己的巢中。

图书在版编目（CIP）数据

极地精灵 / 凌晨漫游工作室编著. —2版. —大连：大连出版社，2018.1
（海洋科普馆：AR互动阅读升级版）
ISBN 978-7-5505-1278-8

Ⅰ. ①极… Ⅱ. ①凌… Ⅲ. ①极地—动物—少儿读物
Ⅳ. ①Q958.36-49

中国版本图书馆CIP数据核字(2017)第304486号

出 版 人： 刘明辉
策划编辑： 王德杰
责任编辑： 王德杰　李玉芝
封面设计： 林　洋
责任校对： 尚　杰
责任印制： 赵中正

出版发行者： 大连出版社
地址： 大连市高新园区亿阳路6号三丰大厦A座18层
邮编： 116023
电话： 0411-83627375
传真： 0411-83610391
网址： http: // www.dlmpm.com
邮箱： wdj@dlmpm.com
印 刷 者： 大连金华光彩色印刷有限公司
经 销 者： 各地新华书店

幅面尺寸： 185mm × 225mm
印　　张： 7.5
字　　数： 82千字
出版时间： 2013年9月第1版
2018年1月第2版
印刷时间： 2018年1月第4次印刷
书　　号： ISBN 978-7-5505-1278-8
定　　价： 30.00元
